U0288723

移动图形计算理论与方法

杨柏林　著

科 学 出 版 社
北　京

内 容 简 介

随着计算机图形学在计算机科学领域中的发展，计算机图形学针对移动设备的各种应用不断扩展，移动图形计算(mobile graphics computing)应运而生。移动图形计算就是将传统的计算机图形学技术应用到移动领域，同时克服移动设备普遍存在的低计算性能、小屏幕、低分辨率、内存带宽和容量受限等缺陷。本书以当前移动图形计算中的关键技术(如压缩、重构、传输等)为核心，深入浅出地介绍移动图形计算中的很多科研前沿的相关算法和技术，并针对涉及的技术展开详细的算法论述以及算法性能的证明和应用。

本书适合计算机图形学以及相关领域的在校学生和老师、研究人员参考使用，也适合数学、电子通信、计算机科学等领域的爱好者阅读。

图书在版编目(CIP)数据

移动图形计算理论与方法 / 杨柏林著. — 北京：科学出版社，2021.5
ISBN 978-7-03-064105-2

Ⅰ. ①移…　Ⅱ. ①杨…　Ⅲ. ①移动通信－计算　Ⅳ. ①TN929.5

中国版本图书馆 CIP 数据核字(2019)第 296134 号

责任编辑：于海云 朱晓颖 / 责任校对：王 瑞
责任印制：张 伟 / 封面设计：迷底书装

科学出版社出版
北京东黄城根北街 16 号
邮政编码：100717
http://www.sciencep.com
北京建宏印刷有限公司 印刷
科学出版社发行　各地新华书店经销
*
2021 年 5 月第 一 版　开本：787×1092 1/16
2021 年 5 月第一次印刷　印张：9 3/4
字数：246 000

定价：80.00 元

前　言

计算机图形学技术经过四十多年的快速发展已经日臻成熟，将计算机图形学技术应用到移动领域的移动图形计算技术也得到了充分的发展，并已成为计算机科学中最为活跃的分支之一。移动图形计算就是将传统的计算机图形学技术应用到移动计算领域。不同于传统的计算机图形学，移动图形计算需要克服移动设备普遍存在的低计算性能、小屏幕、低分辨率、内存带宽和容量受限等缺陷，同时解决信号衰退、噪声或终端节点的移动性导致数据在传输中会产生较大的丢失率和误码率等诸多问题。

本书首先给出移动图形计算的定义、研究现状、体系结构和关键技术；然后详细介绍在网络传输中的三维模型简化与编码方法、三维网格动画压缩编码方法，以及移动网络中的三维场景传输方法、三维模型分组传输方法；最后阐述图形流水线的优化算法与图形库。本书主要汇集了作者近几年的主要相关研究工作。

在本书的编写过程中，非常感谢浙江工商大学计算机与信息学院的王勋院长对本书出版所做出的帮助与支持，我们在科研的过程中也产生了很多有趣的思想碰撞，带来了很多相关的科研成果。

由于个人水平有限，书中难免存在疏漏之处，希望读者能够热心指出书中的不足之处，以便本书不断完善。

作　者

2019 年 10 月

目　　录

第 1 章　移动图形计算概述

1.1　移动图形计算定义

经过四十多年的快速发展，计算机图形学已成为计算机科学中最为活跃的分支之一，并在计算机辅助设计与制造、科学计算可视化、实时绘制、非真实感绘制和计算机动画等方面有着长足的发展。在融合相关科学的基础上，计算机图形学已经得到了广泛应用，如在具有强烈真实感的三维游戏、虚拟产品展示和漫游、电影特技、广告、医疗、电子商务和教育等各个方面，并已经成为日常生活、娱乐和学习不可或缺的一部分。近年来，以手机和个人数字助理(PDA)为典型代表的移动设备得到迅速普及，其数量已经远远超出传统的有线网络设备。同时，针对移动设备的各种应用不断扩展。为扩大图形学的应用范围，实现 3D 图形在移动设备上的流畅绘制，使图形“无处不在”，移动图形计算(mobile graphics computing)应运而生。

1.2　移动图形计算研究现状

以下将从移动图形计算中的三维图形数据传输机制、图形流水线体系结构及优化技术、三维图形表示与绘制三个方面来评述相关研究现状。

1.2.1　移动环境中三维图形数据传输机制

相对三维模型传输，近年来人们对无线音视频传输技术作了较为深入的研究，并建立了 H.264、MPEG-4 和 AVS-M 等视频标准和 MPEG-4 AAC(advanced audio coding)音频标准，其中 AVS-M 是由中国音视频编码标准化(AVS)工作组制定的。研究者在编解码源端、网络适应层和传输层三个不同层次提出并实现了多种抗误码和无差错传输方法。

为实现三维模型数据在各种有损网络(包括不稳定的因特网和无线网络)中的鲁棒传输，基于差错复原(error resilient)的传输技术近几年来作为一种新的研究方向得到了关注，其主要目的是解决网络有限带宽、高丢包率与海量模型实时传输和客户端模型视觉最优化的要求之间的矛盾。本书所阐述的分组算法和预测重构算法同属于差错复原技术范畴。现依据模型传输流水线的任务划分，分别从网络传输层、发送端和接收端三个不同方面来阐述和分析现有的三维模型流传输和相关差错复原技术，如图 1.1 所示。

(1) 网络传输层差错复原模型传输方法。为解决模型的无差错传输，在网络传输层，相关研究以改善无线网络中传输协议的性能为基本出发点，提出了若干解决方法。根据协议改进的机制将这些方案分为三类：端到端解决方案、代理解决方案和分立解决方案。然而，上述大部分相关技术并没有从三维模型的特性角度来改进协议本身。有研究工作者试图结合三维渐进模型的特点设计了一种有损网络模型传输机制。也有研究者采用了一种混合 TCP/UDP 传输方法。AlRegib 和 Altunbasak(2005)则在综合考虑通道丢包率和模型可忍受变形的基础上，有效地利用传输控制协议(transmission control protocol，TCP)和用户数据报协议(user datagram protocol，UDP)选择传输所需数据。但由于使用典型的 TCP 和 UDP，上述方法并不完全适用于无线网络。

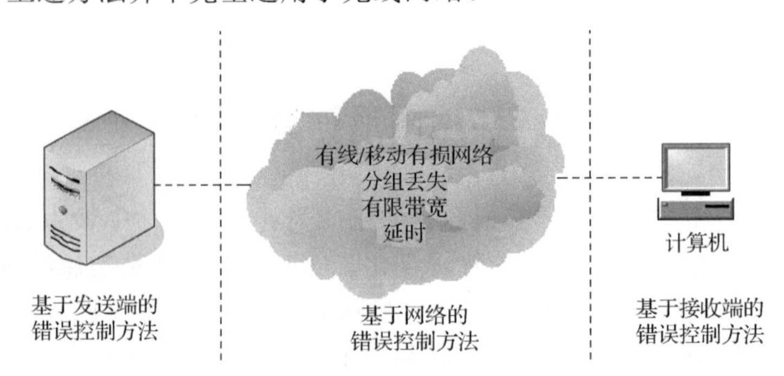

图 1.1　三维模型传输差错复原技术

(2)基于发送端的差错复原模型传输方法。基于发送端的差错复原模型传输方法主要目的是在发送数据之前采用特定编码技术对模型数据进行保护，以最小化丢失报文所引起的不利影响。相关编码方法(AlRegib et al.，2005a)将模型分为若干相互独立的部分，以确保部分数据流的丢失不会对其他数据造成影响。冗余机制是保证丢失数据可以有效恢复的机制，如冗余存储连接信息方法、前向纠错(forward error correction，FEC)编码、非均衡错误保护(unequal error protection，UEP)及块分组(block of packet，BOP)技术等。

(3)基于接收端的差错复原模型传输方法。基于接收端的差错复原模型传输方法利用客户端已正确接收到的数据信息采用特定算法重构或恢复丢失信息，典型的如插值运算，但插值运算的计算复杂度与模型大小成正比，当模型较大时此方法并不适用。通常，基于客户端的恢复方法结合发送端的模型编码技术实现。除此之外，当报文丢失时，上述各种 FEC 编码方法在客户端利用冗余数据实现了丢失数据的重构，取得了较好的效果。

1.2.2　移动环境中图形流水线体系结构及优化技术

基于移动设备图形流水线的研究主要包括底层硬件图形流水线体系结构设计与相关流水线优化技术两个方面。围绕低功耗的设计目标，国内外学者在这两个方面进行了相关研究工作。

目前，基于移动设备底层硬件体系结构的研究工作主要包括：Kelleher(1998)提出的 PixelVision 图形处理体系结构；Qualcomm Technologies(STMicroelectronics，2001)推出的 Kyro 实时绘制体系架构，以及适应移动数据终端要求的相关优化设计；Woo 等(2002)设计了一种适应 PDA 的三维绘制引擎，提出了几种降低能耗的硬件设计方法；在此基础上，Woo 等(2004)实现了一种低代价的纹理透视纠正地址计算和二次线形 MIPMAP 滤波技术的三维图形处理器；此外，Yu 等(2005)也尝试设计了一种针对多媒体嵌入设备的可编程几何引擎系统，Sinha 等(2002)设计了一个定点可编程的顶点着色三维图形处理器；Akenine-Möller(2003)给出了一种适应移动设备的光栅化体系架构，将一个时钟周期内对外存的访问限制在大约 1.3 次，从而降低功耗。

在图形流水线优化方面的相关研究工作包括：基于区域的绘制(tile-based rendering)方法采用区域划分技术有效地提高了光栅化绘制速度；提前裁剪、延迟绘制方法改变了传统流水线的绘制顺序，减少了系统带宽需求并加快了整个流水线的处理流程；顶点缓存、网格优化方法改变了三角形网格的顶点绘制顺序，从而最大化重复顶点的利用率；纹理映射是流水线中的一个性能瓶颈，为减轻当一个物体平面与用户视角偏差较大时所产生的纹理走样现象，有研究工作者提出了低代价的各向异性纹理映射技术。在此基础上，杨柏林和潘志庚(2007a)提出一种适合移动设备硬件实现的纹理反走样算法，进一步减少了硬件实现代价；在 Akenine-Möller(2003)的文献中的纹理压缩算法 POOMA 的基础上，研究人员分别实现了称为 PACKMAN 和 iPACKMAN 的有损纹理压缩算法，其峰值信噪比(PSNR)与压缩率得到了明显的改善并且算法的硬件复杂度更低，从而节省了宝贵的显存空间；另外也有相关研究人员提出了低代价的多采样方法(MultiSample) FLIPQUAD 和 FLIPTRI，将每个像素的采样代价分别减少为 1.25 和 2.0 个采样点。相对于超采样(Super-Sample)方法，此方法能够最大化减少采样点，提高光栅化速度并降低显存的容量需求。这些技术都从某种程度上改进了移动平台的三维图形绘制效率和速度，但遗憾的是，已有研究更注重移动设备本身的特殊性，而忽略了三维图形数据特点以及具体在移动环境中的应用场合。

此外，浙江大学 CAD&CG 国家重点实验室与波导手机杭州研究院合作开发了一个基于移动平台的高效三维图形库，研究了若干相关三维图形引擎的优化技术，并与意法半导体 AST 研究所开发了移动二维矢量图技术等。

1.2.3 移动环境中三维图形表示与绘制

关于桌面计算环境中的图形表示与高效绘制已经得到广泛的研究，特别是基于图像的绘制技术因其方法具有普适性而得到广泛关注，取得了很大的进展，成为国内外计算机图形学与计算机视觉领域的研究热点。然而这一类方法并不完全适用于移动计算环境。

事实上，主流研究者已经注意到应从数据表示层面着手来研究三维图形数据在移动平台上的高效显示这一难题，用于移动设备的三维场景展示与交互编辑。有人提出针对移动设备的复杂模型非真实感绘制技术，也有人关于在线单元绘制方面的优化做了进一步的工作。此外，有人将多种艺术绘制手段移植到了移动设备上，同时使用艺术绘制方法增强了场景的表现力。

对于场景数据复杂而交互要求低的情况，部分研究工作的思路是将图形数据转换为纯粹的图像与视频，采用基于客户端-服务器的架构，结合相关压缩传输技术将绘制任务转移到服务器端，实现基于移动设备客户端的显示与漫游。为了突出图形的特征信息，也有研究者提出在服务器上完成大部分的绘制，结合提取场景中的二维特征线条，然后将这些线条的几何描述传送到移动设备上进行最终绘制。由于这种混合表示与绘制策略，只需传送特征部分的几何信息，大大降低了对网络带宽和计算功耗的需求。相关混合绘制工作包括：结合深度图与基于图像的绘制算法，对复杂的物件进行绘制，在 PDA 设备上采用基于图像的绘制与 3D 图形绘制结合的混合方法实现虚拟场景的绘制。

预处理方法是基于视觉误差度量，综合考虑具有底层语意的褶皱、棱边以及尖角等，来对三维模型进行简化。但这方面的工作目前还处于起步阶段。此外，学术界对于如何根据特定绘制任务和移动设备环境，给出了相应度量标准，但自适应地选择合适的绘制策略尚鲜有涉及。

1.3　移动图形计算体系结构

近几年学术界和图形芯片厂商科研机构展开了基于移动设备的三维图形处理——移动图形计算的研究，其标志性研究成果为 Akenine-Möller(2003)的论文，该论文提出了一个完善的移动图形计算体系结构框架。

具体研究内容可归纳为如下三个层次。

(1)随着互联网在全世界范围内的不断发展和普及，越来越多的网络服务要求在互联网上传送三维模型，特别是 Web3D 技术的出现，使得三维技术在网络上的应用得到普及。围绕着三维模型的无差错快速传输目标，研究者分别从底层无线传输协议、应用层图形传输机制、各种图形有效编码方法几个方面来展开。

(2)软件/硬件图形体系结构及相关流水线优化技术。以低功耗为基本设计思想，该层侧重于嵌入式硬件设备的设计、图形体系结构的硬件架构和图形流水线的各种优化算法及其硬件实现。

(3)移动图形数据的表示与快速绘制技术等。针对移动设备的各种缺陷和特性，该层主要解决如何完成移动设备上的有效表示与快速绘制。目前研究内容主要集中在网格曲面简化与压缩、多分辨率表示、非真实感绘制、风格化绘制、基于图像的绘制等方面。

因为当前硬件设备的滞后，所以移动设备上的软件实现显得尤为重要。Vincent 和 Klimt 是两款软件实现图形绘制库，由于其推出较早并开放源码，得到了众多研究者的关注。目前，比较具有代表意义的商业产品是芬兰 Hybrid Graphics 公司的 Gerbera 和日本 Hi 公司的 Masco Caspule Engine，其中前者所在公司已与 Nokia 和 Philips 等众多手机公司建立合作关系，而后者也被 Sony Ericsson 手机所采用。除此之外，作者团队和杭州波导软件有限公司合作开发了一个遵循 OpenGL ES 1.0 标准的 3D 图形库——M3D(mobile 3D)并且已经在波导公司 E868 手机上测试通过。

不可否认，相对于软件实现三维绘制库，硬件实现可以显著地提高图形处理速度和性能，因此相关科研机构也对其展开了深入的研究。Akenine-Möller 和 Haines(2002)、Woo 等(2002)、Sinha 等(2002)分别提出了若干实时绘制体系架构，以及适应移动终端要求的相关优化设计方法。

当前，国内外科研机构和高校已经开始关注移动图形计算方面的研究，并取得了一定成果。国内以浙江大学、中山大学、北京大学和中国科学院计算技术研究所为典型代表，研究了移动网络上细分图形的简化与传输方法和移动游戏引擎软件，实现了一个基于移动设备的 Walkthrough 校园漫游系统，开发了 M3D 移动图形库和移动设备上的风格化绘制等。国外如 Lund、MIT、韩国的 KAIST 等大学也展开了相关研究。另外，一些知名手机厂商和企业如 Nokia、Philips、Sony Ericsion、华为、波导手机等公司也在推动相关理论与应用研究方面做了大量工作。

第 2 章　面向网络传输的三维模型简化与编码方法

2.1　显著性检测方法

人类视觉系统在面对自然场景时具有快速搜索和定位感兴趣目标的能力，这种视觉注意机制是人们在日常生活中处理视觉信息的重要机制。随着互联网带来的大数据量的信息传播，如何从海量的图像和视频数据中快速地获取重要信息，已经成为计算机视觉领域一个关键的问题。通过在计算机视觉任务中引入这种视觉注意机制，即视觉显著性，可以为视觉信息处理任务带来一系列重大的帮助和改善。引入视觉显著性的优势主要表现在两个方面：第一，它可将有限的计算资源分配给图像视频中更重要的信息；第二，引入视觉显著性的结果更符合人的视觉认知需求。视觉显著性检测在目标识别、图像视频压缩、图像检索、图像重定向等方面有着重要的应用价值。如图 2.1 所示，当看到这幅图像时，图中的四个人最能引起人的注意。

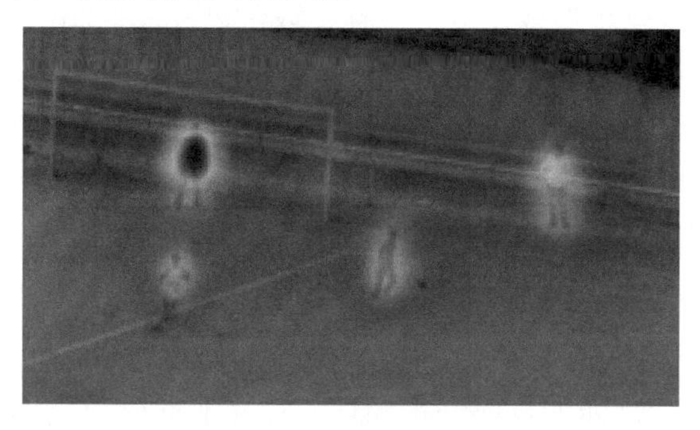

图 2.1　视觉显著性

下面介绍常用的视觉显著性检测算法。

2.1.1　LC 算法

LC 算法的基本思想是：计算某个像素在整幅图像上的全局对比度，即该像素与图像中其他所有像素在颜色上的距离之和作为该像素的显著值。

图像 I 中某个像素 I_k 的显著值计算如下：

$$\mathrm{SalS}(I_k) = \sum_{\forall I_k \in I} \left\| I_k - I_i \right\| \tag{2.1}$$

式中，I_i 的取值范围为[0,255]，即为灰度值。将式(2.1)进行展开得

$$\mathrm{SalS}(I_k) = \left\| I_k - I_1 \right\| + \left\| I_k - I_2 \right\| + \cdots + \left\| I_k - I_N \right\| \tag{2.2}$$

式中，N 表示图像中像素的数量。

给定一幅图像，每个像素 I_k 的颜色值已知。假定 $I_k = a_m$，则式(2.2)可进一步重构：

$$\mathrm{SalS}(I_k)=\|a_m-a_0\|+\cdots+\|a_m-a_1\|+\cdots+\|a_m-a_n\| \tag{2.3}$$

$$\mathrm{SalS}(a_m)=\sum_{n=0}^{255}f_n\|a_m-a_n\| \tag{2.4}$$

式中，f_n 表示图像中第 n 个像素的频数，以直方图的形式表示。

2.1.2 HC 算法

HC 算法和 LC 算法没有本质的区别，HC 算法相比于 LC 算法考虑了彩色信息，而不是像 LC 算法那样只用像素的灰度信息，由于彩色图像最多有 256×256×256 种颜色，因此直接采用基于直方图技术的方案不适用于彩色图像。但是实际上一幅彩色图像并不会用到那么多种颜色，因此提出了降低颜色数量的方案，将 RGB 各分量分别映射成 12 等份，则映射后的图像最多只有 12×12×12 种颜色，这样就可以构造一个较小的直方图用来加速，但是由于过度量化会对结果带来一定的影响，因此此处又采用了一个平滑的过程。可以看出，和 LC 算法不同的是，HC 算法对图像处理在 Lab 空间进行，而由于 Lab 空间和 RGB 并不是完全对应的，其量化过程还是在 RGB 空间完成的。

2.1.3 FT 算法

FT 算法从频率角度分析图像。图像在频率域可以分成低频部分和高频部分。低频部分反映了图像的整体信息，如物体的轮廓、基本的组成区域。高频部分反映了图像的细节信息，如物体的纹理。显著性区域检测用到更多的是低频部分的信息。在实际进行计算时，FT 算法使用窗口 5 像素×5 像素的高斯平滑来实现对最高频的舍去。像素的显著性可以用式(2.5)计算：

$$S(p)=\|I_u-I_{\mathrm{wch}}(p)\| \tag{2.5}$$

式中，I_u 为图像的平均特征，使用Lab颜色特征；$I_{\mathrm{wch}}(p)$ 为像素 p 在高斯平滑后的 Lab 颜色特征；$\|\cdot\|$ 为 L2 范式，即计算前一项和后一项在 Lab 颜色空间的欧氏距离。FT 算法实现简单，只需要进行高斯平滑和平均值计算。

2.1.4 AC 算法

AC 算法是基于局部对比度的，采用 Lab 颜色空间计算距离。AC 算法通过计算一个感知单元在不同邻域上的局部对比度来实现多尺度显著性计算。内部区域为 R_1，外部区域为 R_2，计算 R_1 和 R_2 的局部对比度时，通过改变 R_2 的大小实现多尺度显著性计算。

内部区域 R_1 可以是一个像素或一个像素块，其邻域为 R_2，$(R_1)R_2$ 所包含的所有像素的特征值的平均值作为 $(R_1)R_2$ 的特征值。设像素 p 为 R_1 和 R_2 的中心，p 所在位置局部对比度为

$$S(p)=d\left[\left(\frac{1}{N_1}\sum_{k\in R_1}v_k\right),\left(\frac{1}{N_2}\sum_{k\in R_2}v_k\right)\right] \tag{2.6}$$

式中，$d(\cdot)$ 为对比度；N_1 和 N_2 分别是 R_1 和 R_2 中像素的个数；v_k 是 k 这个位置的特征值或特征向量。

AC 算法采用 Lab 颜色特征，采用欧氏距离计算特征距离。R_1 默认为一个像素，R_2 为边长为 $[L/8, L/2]$ 长度的正方形区域，L 为长、宽中较小者。多个尺度的特征显著图通过直接相加得到完整的显著图。

2.2　基于显著性的三维模型简化方法

纹理映射是一种流行的低成本解决方案，用于向 3D 网格添加视觉细节以生成感知逼真的模型。本章提出了一种视觉显著性检测方法，以支持纹理 3D 模型简化。这种方法很有吸引力，因为它保留了纹理模型的重要语义细节，同时提供了高数据缩减率。与现有方法相比，这种方法将网格几何和纹理贴图作为一个整体进行处理，生成统一的显著性图，以识别模型的正确语义细节，从而支持简化。实验表明，这种方法能够很好地保留纹理模型的重要细节(显著区域)，以达到良好的渲染质量。

2.2.1　如何检测显著区域

1. 过滤器窗口

过滤器窗口旨在收集足够的本地模型信息以支持显著性检测。由于模型拓扑可能是不规则的，因为当存在长的、窄的三角形时(图 2.2)，球形窗口可能很难捕获所有拓扑连接的相邻顶点 NS(V)，从而构造足够的局部模型信息。例如如果按照球形窗口来计算，候选顶点 V 的相邻顶点只能包括 V_3、V_4 和 V_6，而 V_5、V_1 和 V_2 不能包括。

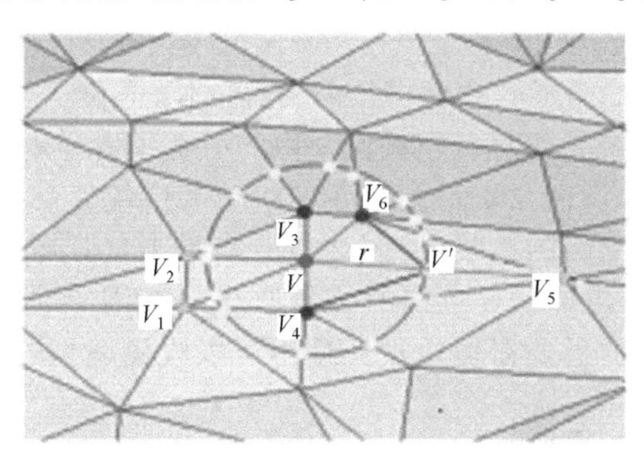

图 2.2　几何域中的局部过滤器窗口计算

为了解决这个问题，现使用几何距离和模型拓扑来定义新的局部滤波器窗口 $W_r(V)$ 以捕获每个 V 的足够顶点样本。除了三个直接连接的顶点(V_3、V_4 和 V_6)，$W_r(V)$ 还包括球体与连接到 V 的边缘和拓扑连接的相邻顶点(V_1 和 V_2)之间的交叉点(圆形的顶点)，因此可以为每个 V 捕获更忠实的局部模型信息。想要获得用于计算平均曲率的交点，就必须估计它们的位置，通过使用它们已经存在于模型中并且拓扑距离为 1 的单环相邻顶点来做到这一点。这里采用高斯长度加权平均，而不是使用简单插值(Lavoué，2009)，来通过为具有更高邻近度的顶点分配更高权重得到更好的估计。因此，交点 V' 可以估计为

$$V' = \frac{1}{\sum_{i=1}^{n} W_i} \sum_{i=1}^{n} W_i \cdot V_i \tag{2.7}$$

式中，V_i 是 V' 的单环相邻顶点，并且每 d^2 个权重 $W_i = \mathrm{e}^{-kd_i^2}$ 表示每个相邻顶点对 V' 的贡献。注意，权重 W_i 与对应的相邻顶点和交叉点之间的距离 d_i 成反比。k 可以改变高斯系数来调整高斯函数的图形。如果 k 变小，则图形水平缩小；如果它变大，图形会水平扩展。另外，k 随模型尺度而变化。在本书的实现中，通常可以在四个等级上将 k 设置为 1、1.2、1.5 和 2 以获得良好的结果。

然而，如图 2.3 所示，由每个网格三角形覆盖的纹理像素的颜色可以任意变化，因此仅使用每个三角形的三个顶点的纹理像素颜色不足以精确地表示每个纹理化三角形。由于图 2.2 派生的过滤器窗口仅考虑几何信息，我们将其扩展为处理纹理信息：将三维几何域中的三角形投影到 2D 纹理图像域中，以获得每个顶点周围的所有样本纹素。涉及的步骤如下：

(1) 应用具有中心 V 和半径 r 的球体 S 来捕获如上所述的一组交叉点，并基于这些交叉点生成一组三角形 $\{T_n\}$，同时获得由顶点 V 和所选择的相邻顶点构造的三角形 $\{T_e\}$ 的集合。

(2) 将 $\{T_n\}$ 与 $\{T_e\}$ 一起应用以从 3D 几何域反向投影到 2D 纹理域中以形成新的三角形集 $\{T_n' + T_e'\}$，其位于椭圆 e 内。

(3) 对于每个三角形 T' 属于具有中心 V' 的椭圆 e，构成了集合 $\{T_n' + T_e'\}$，可利用在 3D 图形管道的三角形光栅化过程中应用的经典边缘步行算法获得纹理样本。实际上，纹素样本的数量与三角形区域有关，因此当三角形区域较大时，可得到更多的纹素样本。如图 2.4(d) 所示，可以在三角形 T' 内获得几个纹素样本。

(4) 通过重复步骤 (3)，可以获取椭圆 e 内的所有纹素样本。对于所有纹素样本，执行高斯加权滤波操作，图 2.4(a) 显示了 3D 空间中纹理女孩模型的屏幕截图，图 2.4(b) 显示了 2D 纹理空间的逆映射。图 2.4(c) 和图 2.4(d) 是用矩形框包围的区域的特写视图。特别注意，由球体 S 包围的三角形 $\{T_n + T_e\}$ 被反向投影成由椭圆 e 包围的新三角形 $\{T_n' + T_e'\}$。新的过滤器窗口设计使得可以收集适当的几何和纹理特征。

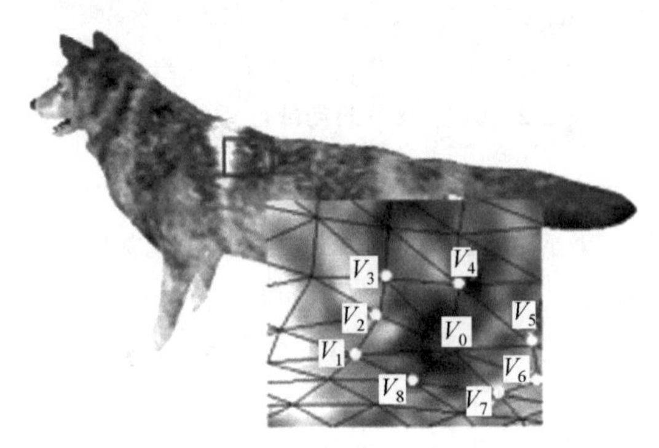

图 2.3　纹理狼模型的一部分

V_0 是候选顶点，三角形集 $\triangle V_0V_iV_{i+1}(i=1,2,\cdots,7)$ 是其连接的三角形，纹理颜色在每个三角形上任意变化

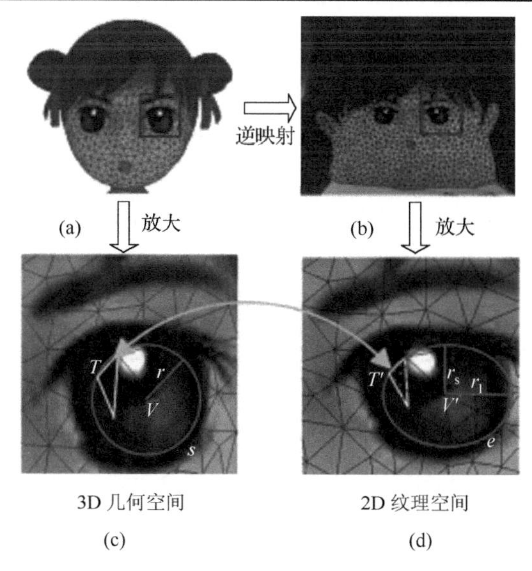

图 2.4　反向映射和纹理采样

2. 几何特征计算

几何特征图由中心环绕机制构建如下：

(1) 计算每个顶点 V_i（$i=1,2,\cdots,n$，其中 n 是网格的顶点数）处的平均曲率 ξ。

(2) 为顶点 V_i 定义局部滤波器窗口并选择其相邻顶点集 $\mathrm{NS}(V_i)$。

(3) 根据 $\mathrm{NS}(V_i)$ 在不同尺度下计算高斯加权平均 $\mathrm{GW}(V_i)$。

(4) 找出 V_i 的两个尺度 m 和 n 之间的差异，然后计算几何特征图 $G_l(m,n)$。

(5) 使用非线性归一化算子将特征映射 $G_l(m,n)$ 组合成最终几何特征映射 $\bar{G}$。

具体来说，在步骤(1)中，应用典型的平均曲率计算来获得 ξ，然后使用局部滤波器来获取 $\mathrm{NS}(V_i)$。请注意，每个顶点的球体 S 的半径 r 决定了涉及哪些样本顶点。但是，大多数模型的形状不是球形的，特别是一些模型具有极不规则的形状，因此，模型的边界框的对角线计算的简单球半径远远不能令人满意。现使用一种新方法来计算 r，它不依赖于模型形状，而是依赖于网格中三角形的大小。

最后，将实际半径 r 定义为 $r=\delta 2^s$ (S=1,2,$\cdots$,n)，其中 δ 为原始窗口半径值。现在得到了四个滤波器窗口对 $\varpi:\{2r;4r\},\{4r;8r\},\{8r;16r\},\{16cr;32r\}$。

如图 2.2 所示，使用式(2.7)计算新产生的交叉点顶点 V' 的平均曲率 $\xi(V')$。给定每个顶点的 $\xi(V_i)$ 和半径 r，平均曲率的高斯加权平均值为

$$\mathrm{GW}(V_i,r)=\frac{\sum_{x\in W_r}\xi(x)\exp\left[-\|x-V_i\|^2\big/(2r^2)\right]}{\sum_{x\in W_r}\exp\left[-\|x-V_i\|^2\big/(2r^2)\right]} \tag{2.8}$$

然后，每个特征映射 $G_l(m,n)$ 计算如下：

$$G_l(m,n)=\left|\mathrm{GW}(V_i,r_m)-\mathrm{GW}(V_i,r_n)\right| \tag{2.9}$$

式中，对 (r_m,r_n) 是 ϖ 中的一对。

最后，通过非线性归一化操作将所有要素图组合成一个几何图，这有助于减少突出顶点的数量。我们改进了 Lee 等(2005)提出的方法。在我们的方法中，考虑每个顶点的平均曲率，同时将上述四个尺度组合成最终的显著区域。通过这种方法，不仅可以获得块显著区域，还可以获得细节：

$$\overline{G}(V_i)=\alpha N(MC)+\sum_{l=1}^{4}\beta_l N(G_l),\quad \alpha+\sum_{l=1}^{4}\beta_l=1 \tag{2.10}$$

式中，α、β为权值。

3. 纹理特征计算

本书提出了一种用于纹理图像的显著区域检测方法，其考虑来自 2D 纹理图像空间和 3D 几何空间的信息。

每个纹素的强度 I 是 $I(\mathrm{TE}_{v_i})=\dfrac{r+g+b}{3}$，其中 r 、g 和 b 分别是每个纹素的红色、绿色和蓝色值。此外，颜色 C 进一步分解为红-绿(RG)和蓝-黄(BY)，对应 $\mathrm{RG}(\mathrm{TE}_{v_i})=\dfrac{r-g}{\max(r,g,b)}$，$\mathrm{BY}(\mathrm{TE}_{v_i})=\dfrac{b-\min(r,g)}{\max(r,g,b)}$。为了避免低亮度下纹理颜色对应值的大幅波动，而 $\max(r,g,b)<0.01$，$\mathrm{RG}(\mathrm{TE}_{v_i})$ 和 $\mathrm{BY}(\mathrm{TE}_{v_i})$ 设置为零。

给定纹素，可以从其三个单独的颜色值 r 、g 、b 获得其灰度值。为了简化局部熵特征计算，引入基于 Shannon 熵的 Texel Gray Entropy(GE)，而不是分别计算每个颜色对数 r 、g 、b 的熵。这里，GE 被解释为在给定纹素 TE_{v_i} 的中心处的几个纹素的灰色均匀性。

在为每个纹素 TE_{v_i} 定义 GE 之前，引入以下变量：TE_j 是 TE_{v_i} 周围的相邻纹素，并且 $n\times n$ 个相邻纹素构成相邻集合，称为 NT。这里定义 NT 的数量，并且将 TE_{v_i} 定义为 $\sum_{\mathrm{NTE}_{v_i}}$，存在形成灰色集合 CG 的 C 种灰色值。

对于每个纹素 TE_{v_i}，GE 定义为

$$\mathrm{GE}(\mathrm{TE}_{v_i})=-\sum_{\mathrm{gc}\in\mathrm{CG}}P(\mathrm{gc})\log_2 P(\mathrm{gc}) \tag{2.11}$$

$$P(\mathrm{gc})=\frac{\sum_{\mathrm{TE}_j\in\mathrm{NT}}(\mathrm{GR}(\mathrm{TE}_j)==\mathrm{gc})}{\sum_{\mathrm{NTE}_{v_i}}} \tag{2.12}$$

式中，gc 是 CG 中的一种灰色；$P(\mathrm{gc})$ 是 NT 中 gc 的概率；$\mathrm{GR}(\mathrm{TE}_j)=0.30r+0.59g+0.11b$ 代表每个 TE_j 的灰度值。

具体地，计算纹理特征图的方法实现如下：

(1)将具有 3 像素×3 像素窗口的高斯滤波器应用于纹理图像上，以使图像平滑并使其对噪声具有鲁棒性。

(2)通过逆映射得到每个顶点的相应纹素 TE_{v_i} 及其周围纹素 TE_x。在执行过滤操作时，使用前面描述的过滤器窗口。与典型的方法技术(Itti et al., 1998)相比，本书的方法将滤波操作应用于整个纹理图像而不是缩小版本，以获得高质量的特征。

(3)分别计算每个纹素 TE_{v_i} 的高斯加权平均强度 I、颜色 $\mathrm{RG}+\mathrm{BY}$ 和局部灰熵 EG 的高斯加权平均值。

由于所有纹素样本分布在滤波器窗口 $W(r,\mathrm{lr},\mathrm{sr})$ 周围，其中 r 是圆 s 的半径，而 lr、sr 分别是椭圆 e 的长半径和短半径，如图 2.4 所示。首先计算纹素 TE_{v_i} 的高斯加权平均 $\mathrm{IW}(\mathrm{TE}_{v_i},r,\mathrm{lr},\mathrm{sr})$、$\mathrm{CW}(\mathrm{TE}_{v_i},r,\mathrm{lr},\mathrm{sr})$ 和 $\mathrm{GEW}(\mathrm{TE}_{v_i},r,\mathrm{lr},\mathrm{sr})$ 的强度、颜色和灰熵。在某些尺度上使用式(2.13)，可以用 $I(\mathrm{TE}_x)$、$\mathrm{RG}(\mathrm{TE}_x)+\mathrm{BY}(\mathrm{TE}_x)$ 和 $\mathrm{GE}(\mathrm{TE}_x)$ 代替 $\mathrm{ICT}(\mathrm{TE}_x)$，分别得到 IW、CW 和 GEW。

$$\mathrm{XW}(\mathrm{TE}_{v_i},r,\mathrm{lr},\mathrm{sr})=\frac{\sum_{\mathrm{TE}_x\in W_{r,\mathrm{lr},\mathrm{sr}}}\mathrm{ICT}(\mathrm{TE}_x)\mathrm{EXP}}{\sum_{\mathrm{TE}_x\in W_{r,\mathrm{lr},\mathrm{sr}}}\mathrm{EXP}} \tag{2.13}$$

式中，$\mathrm{EXP}=\exp[-\left\|\mathrm{TE}_x-\mathrm{TE}_{v_i}\right\|^2/(2r'^2)]$，$r'$ 是从 TE_x 到 TE_{v_i} 的距离；XW 表示 IW、CW 和 GEW 的平均值。

(4)可以使用式(2.14)来计算子特征图，包括强度特征图 $\overline{I_l(m,n)}$、颜色特征图 $\overline{C_l(m,n)}$ 和局部熵特征图 $\overline{E_l(m,n)}$。可以用 IW、CW 和 GEW 代替 ICE，分别得到 $\overline{I_l(m,n)}$、$\overline{C_l(m,n)}$、$\overline{E_l(m,n)}$。

$$\overline{\mathrm{ICE}_l(m,n)}=\left|\mathrm{ICE}(\mathrm{TE}_{v_i},r_m,\mathrm{lr}_m,\mathrm{sr}_m)-\mathrm{ICE}(\mathrm{TE}_{v_i},r_n,\mathrm{lr}_n,\mathrm{sr}_n)\right| \tag{2.14}$$

式中，对 (r_m,r_n) 是 ϖ 中的一对。

然后，将 $\sum_{l=1}^{4}\overline{I_l}$、$\sum_{l=1}^{4}\overline{C_l}$ 和 $\sum_{l=1}^{4}\overline{E_l}$ 归一化并求和到纹理特征图 $\overline{T}$ 中：

$$\overline{T}=\gamma_1 N\left(\sum_{l=1}^{4}\overline{I_l}\right)+\gamma_2 N\left(\sum_{l=1}^{4}\overline{C_l}\right)+\gamma_3 N\left(\sum_{l=1}^{4}\overline{E_l}\right),\quad \gamma_1+\gamma_2+\gamma_3=1 \tag{2.15}$$

最后，$\overline{T}$ 和 $\overline{G}$ 将合并形成最终的显著性 S：

$$S=\lambda_1 N(\overline{T})+\lambda_2 N(\overline{G}),\quad \lambda_1+\lambda_2=1 \tag{2.16}$$

通常，从感知的角度来看，强度、颜色或局部灰熵对纹理模型起着不同的作用。在构造纹理特征映射 $\overline{T}$ 时，应该针对不同类型的纹理模型调整式(2.15)中的权重。实际上，对于纹理模型，如果模型的几何形状被大大简化，应该增加式(2.16)中的 λ_1。因为纹理特征在视觉显著性方面具有更重要的作用。

2.2.2　显著性驱动的纹理模型减少

本书对纹理模型缩减的想法是简化模型的模型几何和纹理贴图。为了简化模型几何，可通过结合视觉显著性因子来确定顶点折叠的顺序，从而改进现有的模型简化方法。为了简化纹理图像，引入一种新颖的空间优化纹理缩放方法，用于降低由我们提出的显著性检测方法引导的纹理图像的分辨率。

1. 几何简化

通过加权具有网格显著性的二次曲面来修改 QSlim 算法。每个顶点 V_i 的权重 W 计算如下：

$$W(V_i)=1.0+N(\omega(V_i))^{\xi} \tag{2.17}$$

式中，$\omega(V_i)$ 计算如下：

$$\omega(V_i)=\begin{cases}\kappa\bar{G}(V_i), & \bar{G}(V_i)\geqslant\eta\\ \bar{G}(V_i), & \bar{G}(V_i)\text{i}<\eta\end{cases} \tag{2.18}$$

$\bar{G}(V_i)$是每个顶点V_i的几何显著性。为了在整个几何简化过程中保留具有较大显著值的那些顶点，$\bar{G}(V_i)$被非线性地放大。这意味着当一些顶点的$\bar{G}(V_i)$超过某些值时，它们将被因子κ放大。可以改变ξ来调整显著性在最终权重中的重要性。如果几何显著值$\bar{G}(V_i)$增加，则权重W变大。为了产生良好的结果，在我们的实现中，η、ξ和κ分别为30%、3和20。另外，$W(V_i)$归一化到[0, 1]内。

2. 空间优化纹理缩放

本书提出了一种有效的缩放和规整化算法，由视觉重要性图IM指导。在缩放之前，将纹理图像划分为几个常规网格，并从IM获得每个纹素的视觉重要性值。为了缩放，可以使用视觉上不重要的纹理像素拉伸网格单元，并使用视觉上重要的纹理像素缩小这些单元格，以便将更多的变形网格分配给视觉上重要的区域。缩放后，网格单元保持视觉上非常重要或不重要的纹理像素仍然会严重变形。为了减轻这种变形，引入几何驱动的形状规整化方法。对于规整化，将松弛的矩形网格单元视为刚性区域，并为松弛网格执行尽可能刚性的变形。这样，将调整变形的网格单元以使整个网格变得更加规则。下面更详细地描述整个过程。

1) 缩放

在我们的缩放方法中，每个网格单元包括一些纹理单元和四个边界顶点。可以从IM获得每个边界顶点的重要性值σ。为了缩放纹理图像，现最小化以下目标函数：

$$E=\sum_{\{i,j\}\in e}\mathrm{WI}_{ij}\left\|v_i-v_j\right\|^2 \tag{2.19}$$

式中，v_i和v_j是可以形成边e的网格单元的两个边界顶点；WI_{ij}是通过平均共享边e的四边形的重要性值σ确定的加权因子。当σ是常数时，能量函数是网格单元顶点位置的二次函数。可以将该能量函数的最小化转换为经典的最小二乘最小化问题。在该实现中，缩放算法是逐次逼近算法，其中通过将位移$\Delta(V_n)_i$与对应的当前位置V_i^n相加来确定顶点V_i^{n+1}的新位置：

$$V_i^{n+1}=V_i^n+\Delta\left(V_n\right)_i,\quad i=1,2,\cdots,N \tag{2.20}$$

$$\Delta(V_n)_i=\sum_{j\in ni}\mu_{ij}(v_j-v_i)-\left\{\sum_{j\in ni}\left|\mu_{ij}(v_j-v_i)\right|^2\right\}\frac{\nabla\mu(v_i)}{2\mu(v_i)} \tag{2.21}$$

式中，$\mu_{ij}=\alpha_j\sigma(v_j)\Big/\sum_{j\in ni}\alpha_j\sigma(v_j)$。

2) 规整化

在规整化过程中，定义了一个非线性能量函数，以保持规则网格单元的刚性，同时在缩放之前用变形的网格单元与其原始矩形形状近似。规整化细节如下。

给定四边形网格单元QG，其四个顶点的初始位置和变形位置分别为vp_i和vq_i，其

中 $i \in \{1,2,3,4\}$。如果该网格单元的变形是刚性的，则通过将所有初始顶点位置 vp_i 与变形顶点位置 vq_i 匹配来找到最佳刚性变换 A，使得

$$\mathrm{vq}_i - \mathrm{vq}_c^i = A(\mathrm{vp}_i - \mathrm{vp}_c^i) \tag{2.22}$$

式中，vp_c^i 和 vq_c^i 分别是初始和变形的旋转中心。现采用一种最佳刚性变换 A，即最小化：

$$E(\mathrm{QG}) = \sum_{i \in \mathrm{QG}(i)} \left\| \mathrm{vq}_i - \mathrm{vq}_c^i - A(\mathrm{vp}_i - \mathrm{vp}_c^i) \right\|^2 \tag{2.23}$$

实际上，这种能量函数是形状匹配问题。在 2D 情况下，A 具有解析表达式：

$$A = \frac{1}{\mu_s} \sum_{i \in \mathrm{QG}(i)} (\widehat{\mathrm{vp}_i} - \widehat{\mathrm{vp}_i^{\perp}}) \begin{pmatrix} -\widehat{\mathrm{vq}_i^{\mathrm{T}}} \\ -\widehat{\mathrm{vq}_i^{\perp \mathrm{T}}} \end{pmatrix} \tag{2.24}$$

式中，

$$\mu_s = \sqrt{\left(\sum_i \widehat{\mathrm{vq}_i^{\mathrm{T}}} \widehat{\mathrm{vp}_i} \right)^2 + \left(\sum_i \widehat{\mathrm{vq}_i^{\mathrm{T}}} \widehat{\mathrm{vp}_i^{\perp}} \right)^2} \tag{2.25}$$

$\widehat{\mathrm{vp}_i} = \mathrm{vp}_i - \mathrm{vp}_c^i$，$\widehat{\mathrm{vq}_i} = \mathrm{vq}_i - \mathrm{vq}_c^i$，其中 $\perp$ 是 2D 向量运算符，使得 $(x,y)\perp = (-y,x)$。

3）实现

在本书方法中，缩放和规整化算法通过以下过程实现。

初始化将具有尺寸 $i \times j$ 的纹理图像 TI 作为规则网格 M 并将 TI 划分为 $m \times n$ 个小规则网格单元 G，其中每个覆盖 $i \times j / (m \times n)$ 个纹素。在我们的实现中，$m \times n$ 的大小被指定为 $i \times j$ 的 1/16。

缩放：放宽网格 M 的每个网格单元 G。对于单元格 G 的每个顶点 v_i^n，其松弛位置 v_i^n 由式(2.20)和式(2.21)决定。如果 $\Delta(V_n)_i$ 没有显著变化，执行网格调整操作，否则执行规整化操作。

规整化：在得到缩放网格后，用式(2.23)～式(2.25)中的尽可能刚性规整化方法修改每个网格单元 G 的边界顶点的位置。此外，将规整化网格作为缩放阶段的输入。

网格调整：根据网格单元顶点的变化，调整规则网格 M，形成不规则网格 IM。

纹素投影：通过采样操作反向投影 IM 覆盖的所有纹素。每个单个网格单元的采样频率等于 $i \times j / (m \times n)$。此后可以获得新的缩放纹理图像 TI′。此处，应该记录源图像 TI 和缩放图像 TI′ 的映射关系。

2.2.3　实验结果与分析

在这里，首先通过运行 QEM，查看网格显著性和本书的方法来比较没有纹理贴图的 3D 几何模型的简化结果。然后，使用三种不同的几何简化和纹理调整大小的方法来简化几何体并调整纹理图像的大小，之后显示纹理模型的视觉质量：使用 QEM 进行几何简化方法、直接调整纹理大小方法、无纹理空间优化方法(QEMRD)、基于网格显著和纹理空间优化方法(SALOPT)，以及本书的方法。表 2.1 显示了测试模型的原始版本和缩

小版本的几何面数及纹理图像分辨率。请注意，花瓶、马、女孩和狼是纹理模型，而 Armadillo 和 Laurana 是纯几何模型，没有纹理贴图。

表 2.1　测试模型的原始版本和缩小版本的几何面片个数及纹理图像分辨率

模型	原始版本/DPI	缩小版本/DPI	比例(缩小/原始)/%
花瓶	33216	1800	5.4
	1024×1024	64×64	0.4
马	18363	1181	6.4
	512×512	32×32	0.4
女孩	46368	3178	7.3
	1024×1024	64×64	0.4
狼	29892	2856	7.9
	1024×1024	64×64	0.4
Armadillo	346K	3445	1
	—	—	—
Laurana	129K	3870	3
	—	—	—

1. 几何模型的简化

图 2.5 显示了原始模型的简化结果，运行了三种简化方法：QEM、网格显著性和本书的方法。Laurana 和 Armadillo 模型被简化为仅包含其原始模型的多边形的 3%和 1%。结果表明，本书的方法可以更好地保留 Laurana 的鼻子和嘴巴等视觉上重要的区域，而 QEM 的结果最差。此外，调整了显著性加权因子 κ，如式(2.18)所示。因此，当进一步简化时，显著区域可以比模型的其他部分保存更长时间。

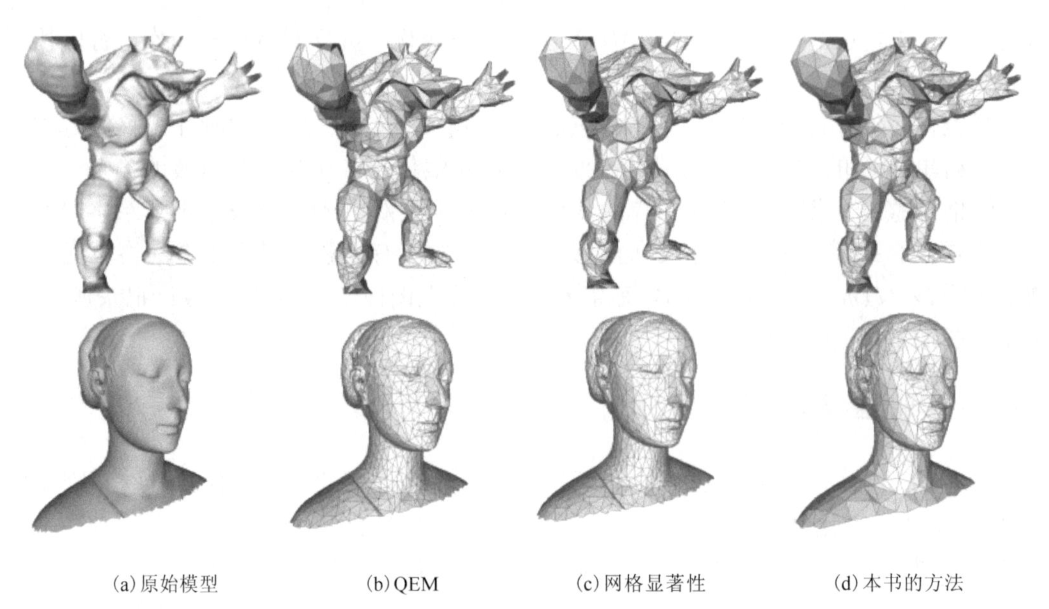

(a) 原始模型　　(b) QEM　　(c) 网格显著性　　(d) 本书的方法

图 2.5　Laurana 和 Armadillo 模型的三种简化方法的比较

2. 纹理模型的简化

下面根据主观和客观的观点比较 QEMRD、SALOPT 和本书的方法生成的简化纹理模型的渲染结果。

1) 主观结果

对于主观测量，根据针对四个纹理模型的三种不同模型简化方法的渲染结果的屏幕截图(图 2.6)。与其他两种方法相比，本书的新方法为纹理模型实现了更好的视觉外观。在花瓶和狼模型中(图 2.6(a)和图 2.6(d))，花瓶中心的白马图案和狼背上的白色皮毛颜色简单。由于本书的显著检测方法考虑了局部熵特征，因此成功地检测到视觉上重要的这种模式。因此，即使在模型缩小之后，花瓶模型中的这种马图案和狼模型背面的白色皮毛的边界也得到了很好的保留。对于马模型(图 2.6(b))，还可以捕捉头部的眼睛作为显著区域。此外，对于马、女孩和狼模型(图 2.6(b)～图 2.6(d))，本书的方法也比 QEMRD 和 SALOPT 能更清楚地获得眼睛，主要是因为女孩、马和狼的眼睛周围的曲率模型没有显著变化。因此，由于 QEMRD 和 SALOPT 方法仅依赖于几何信息来捕获显著区域，因此它们不将这些特征视为视觉上重要的区域，并将它们视为视觉上不重要的简化。

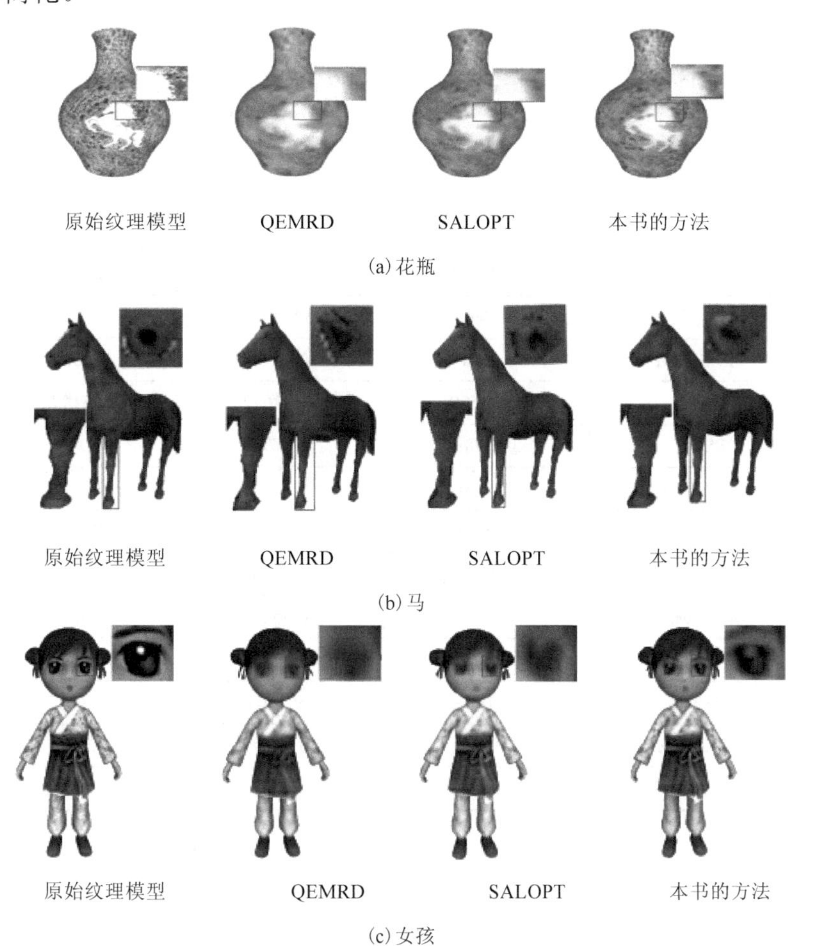

原始纹理模型　　QEMRD　　SALOPT　　本书的方法

(a) 花瓶

原始纹理模型　　QEMRD　　SALOPT　　本书的方法

(b) 马

原始纹理模型　　QEMRD　　SALOPT　　本书的方法

(c) 女孩

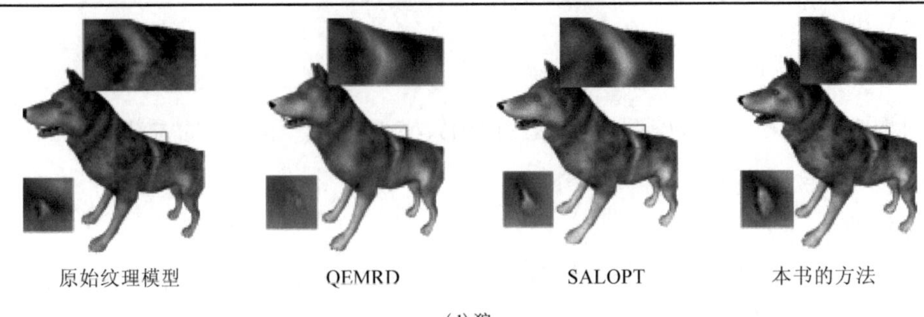

(d) 狼

图 2.6　从四种不同的减少纹理模型获得的视觉质量的比较

通过图 2.6 中几种方法的比较，本书的方法可以为简化纹理模型提供更好的视觉质量。

2) 客观结果

对于纹理模型的渲染质量的客观结果，可采用 PSNR 和多尺度结构相似性指数(MS-SSIM) 来测量。

此外，我们还测量了由不同简化方法生成的模型的几何变形。可使用 Metro 工具来获得 Hausdorff 距离(H)，这是测量网格质量的典型度量。

还测量了模型中使用的纹理图像的颜色分布(CD)，其中较高的 CD 值表示纹理图像包括较宽范围的颜色，即它更复杂。

表 2.2 显示，本书的方法生成的模型具有比其他两种方法生成的模型更大的 PSNR 和 MS-SSIM 值。这意味着本书的方法生成的简化纹理模型的渲染结果比其他两种方法更接近原始模型。

表 2.2　三种不同方法的 PSNR、MS-SSIM 和 H

模型	指标	QEMRD	SALOPT	本书的方法	CD
花瓶	PSNR	29.7443	32.2861	34.1341	101371
	MS-SIMM	0.8661	0.8870	0.9325	
	H	0.054629	0.052642	0.051972	
马	PSNR	39.6988	40.9702	41.1091	7894
	MS-SIMM	0.9010	0.9221	0.9342	
	H	0.296997	0.280335	0.265396	
女孩	PSNR	39.0627	41.5688	42.9627	99473
	MS-SIMM	0.9295	0.9584	0.9793	
	H	0.028220	0.027850	0.027180	
狼	PSNR	38.1002	39.7663	40.6375	16167
	MS-SIMM	0.9142	0.9761	0.9979	
	H	0.2521	0.15624	0.102345	

而且，本书的方法具有所有方法中最小的 H 值。同样，本书的方法和 QEMRD/SALOPT 之间的 H 的差异(标记为 HD) 也各不相同。因此，不同方法的 H 值非常接近，即所有三种方法在模型几何简化方面都达到相似的质量。

小　结

本节提出了一种用于纹理模型简化的显著区域检测方法，设计了一个新的滤波器窗口来获得适当的周围顶点和纹素样本，以支持特征映射计算。使用此显著性图，还设计了一种模型简化技术，该技术包括几何简化算法和分别根据几何与纹理域设计的空间优化纹理缩放方法。

在新的几何简化方法中，修改了 QSlim 算法，考虑了网格显著性。实验结果表明，即使在极其简化的情况下，显著区域也能保存得更长。在空间优化的纹理缩放算法中，根据显著性图和纹理映射的失真构建视觉重要性图。使用此贴图，提出了一种新的缩放和规整化方法来对纹理进行变形，以确保视觉上更重要的区域被赋予更多空间，从而产生更好的渲染结果，同时最小化伪像。

2.3　基于显著性的纹理压缩方法

2.3.1　基于三维几何视觉重要性的纹理图像选择压缩算法

近年来，加载纹理的三维模型由于具有强烈的真实感而被广泛应用到许多三维图形应用程序中，如在线三维游戏、在线商品虚拟展示和军事仿真等。然而，当这些在线三维应用程序变得复杂、庞大时，其所使用的三维模型也需要更高分辨率的纹理图片。而这些高分辨率大数据纹理图片由于在传输时需耗费大量网络带宽，导致了网络传输时延现象的产生，并使客户端无法完成纹理化模型的交互式实时绘制。因此，以减少网络中传输数据量为目标的各种纹理压缩技术被提出。对于某些在线三维应用程序，需要纹理图像渐进地传输到客户端并进行解压和显示。因此，为减少网络中传输的数据量，可以采用一些满足渐进式传输的通用图像压缩技术，如 SPIHT、JPEG、JPEG 2000 等。

当观察一幅普通二维图像时，通常会注意一些显著性区域。这些区域往往比其他区域在视觉上更加重要，因此不需要将所有的图像进行同程度的压缩。为此，上述相关压缩技术使用了感兴趣区域(region of interest，ROI)编码方法。此方法允许将 ROI 设定为高优先级，而其他区域也就是背景区域设定为低优先级。然而，如何找到二维图像中合适的 ROI 仍然是一个未彻底解决的问题。一些方法利用眼跟踪仪器或者特定的能够模拟人类视觉系统(human vision system，HVS)的滤波器来进行跟踪。然而，这些方法都依赖于人类的交互或者先验知识。不同于上述方法，Guo、Itti、Aziz 提出了利用特征集成理论，选择某些视觉特征，如颜色、强度、方向、大小、对称性等基本特征，利用中央-周边机制自动地选择高显著性区域。然而，这些方法无法达到实时效果，为此 Rosin(2009)提出仅利用边检测、阈值分解、距离转换等简单操作完成，整个过程简单有效。此外，Lee 等(2005)以三维模型的顶点曲率为基本特征，将视觉显著性检测方法扩展到三维模型中，获得视觉显著性区域。不同于通用的二维图像，纹理图像不仅包含了二维纹理颜色信息，同时隐性包含了对应到三维模型的几何信息。因此，在选择显著性区域的时候若没有考虑几何信息，那么纹理图像的视觉重要性区域并不能正确地获得。但是，目前可查文献并没有一种方法在定义纹理图像的显著性区域考虑几何信息。为此，本节提出了一种结合几何视觉信息的纹理图像显著性区域检测方法。当获得 ROI 之后，需采用有效的 ROI 编码方法对图像进行编码，以保证 ROI 能够获得更好的重构质量。JPEG 2000 标准中提供了两种 ROI 编码方法，即最大位移法(MaxShift)和一般位移法(general scaling based)。一般位移法允许用户定义 ROI 的优先级。然而，此方法的主要缺陷在于其只能应用于规整形状如矩形、圆形等 ROI 上。最大位移法可以应用于各种非规整形状上，但是并不能调整 ROI 和背景区域的相对重要性。并且，此方法不能对整幅图像中的多个 ROI 定义不同的优先级。为此，本书提出了一种针对纹理图像的基于几何视觉重要性的选择压缩算法，在最大位移法基础上进行选择压缩，可以根据纹理图像中各个不同的 ROI 的优先级进行不同级别的压缩，以获得不同的重构质量。

1. 视觉重要性图生成

在构建视觉重要性图的过程中，需要综合考虑纹理图像的视觉显著性信息和纹理图像的映射走样信息。

1) 显著性纹理图构造

为获取每个纹理单元的视觉显著性值，本节提出了一种改进的面向纹理图像的显著性区域检测方法。为识别纹理模型的显著性区域，综合考虑了三维模型的几何信息和表面信号信息如纹理，并分别通过构造几何特征图和纹理特征图构建最终的显著性图。算法执行框架如图 2.7 所示。算法具体实现过程如下。

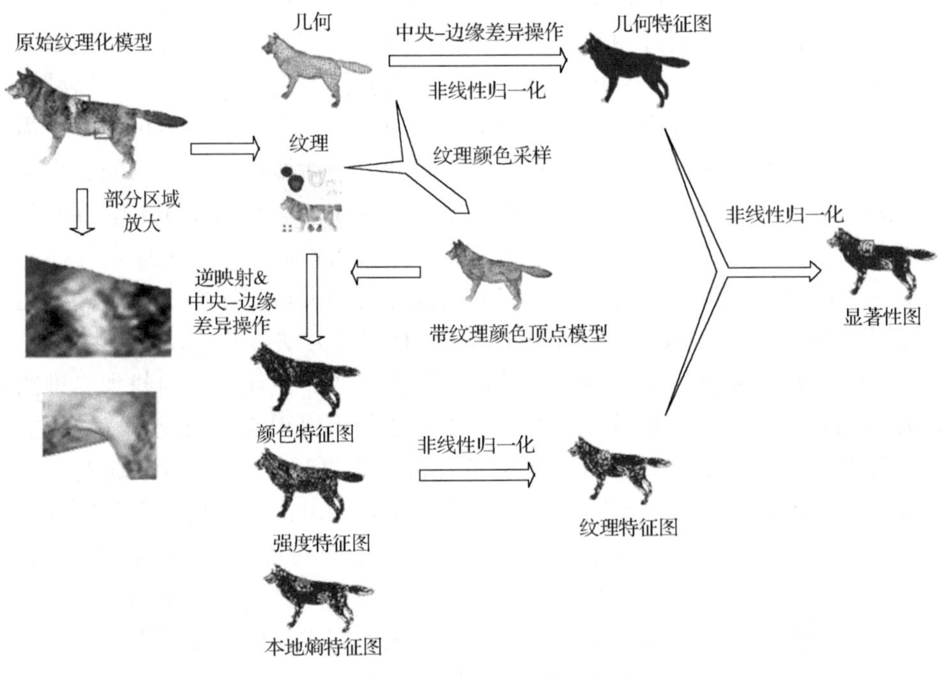

图 2.7 显著性特征图检测方法

(1) 分别获得三维模型的每个顶点平均曲率及其纹理颜色信息。

(2) 根据已获得的顶点平均曲率信息，使用中央-边缘差异操作及其非线性归一化操作以获得几何特征图。

(3)根据已获得的纹理颜色值，计算颜色 C 、强度 I 和本地熵 E 等特征图。

① 执行从 2D 纹理空间到 3D 几何空间的逆映射操作，取得每个顶点所对应的纹理单元以及所有相邻纹理单元。

② 在纹理域通过中央-边缘差异操作计算每个顶点所对应的纹理单元的颜色、强度和本地熵特征值，并形成相应的特征子图。

③ 执行加权归一化操作将上述三个特征子图合并为纹理特征图。

(4)加权归一化操作将纹理特征图与几何特征图融合形成最终的显著性图。

此时能够从此显著性图中获取每个顶点的显著性值，通过以下步骤可获得每个纹理单元的显著性值 ρ，并形成显著性纹理图(saliency texture map，STM)。

① 将每个三角形从三维几何域投影到二维图像域。

② 在二维图像域中对每个三角形执行二次线性插值操作，每个纹理单元都可获得一个唯一的显著性值 ρ。

③ 将每个纹理单元的显著性值输出为一个颜色值为 0～255 的显著性纹理图。

从显著性纹理图构建方法可以看出，由于几何特征图和纹理特征图都是在三维空间中进行计算的，从而保证了此方法能够获得不同角度下的视觉显著性部分。同时，通过投影操作，将这些不同视角下的视觉显著性部分反馈到最终的显著性纹理图中。由于显著性纹理图构造部分是整个视觉重要性图的主要运行部分，此处以头和狼两个纹理模型为例，给出此算法的运行时间，如表 2.3 所示。算法运行时间包括几何特征图、纹理特征图和最终的显著性特征图计算时间。实验环境为 Intel 双核 3 GHz CPU、3.25 GB 内存 HP 图形工作站。

表 2.3　显著性图生成时间　　(单位：s)

模型(顶点数)	几何特征图	纹理特征图	显著性特征图	总计
头(22546)	13.2	39.4	16.7	69.3
狼(9873)	8.2	27.36	10.6	46.16

2)纹理走样图构造

纹理映射过程中会产生走样现象。因此，除了考虑纹理的显著性之外，将纹理映射中产生的走样作为决定视觉重要性区域的另一个视觉重要性尺度。针对纹理变形，采用一个 3×2 的 Jacobian 矩阵，其中 Jacobian 矩阵的最大和最小奇异值分别表示最大和最小的参数化变形。选择最小奇异值 φ，φ 值越小，在纹理空间的三角形采样频率就越大。当获得每个三角形中所有顶点的最小奇异值 φ 时，取这些顶点的平均值。之后，将这些三角形面片投影到纹理空间并执行二次线性插值操作。与 STM 类似，所有的奇异值将被输出为纹理走样图(texture distortion map，TDM)，如图 2.8 所示。

最后，执行非线性归一化操作 $\sigma = N(\rho(u,v)) \cdot N(\varphi(u,v))$ 得到每个纹理单元的重要性值，最终将 STM 和 TDM 融合成视觉重要性图(visual important map，VIM)，如图 2.8(d)所示。可以看出，纹理图马中的视觉重要性区域，如嘴巴、眼睛、腿及其背上的白色部分都能够检测出来；对于纹理图猛禽，嘴巴、眼睛和爪子等视觉重要性区域也能够被检测出来。

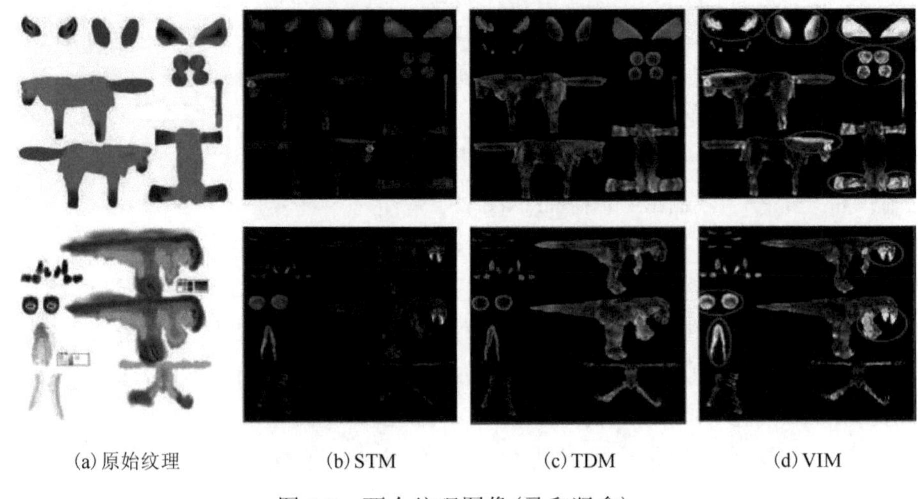

(a) 原始纹理　　(b) STM　　(c) TDM　　(d) VIM

图 2.8　两个纹理图像(马和猛禽)

2. 选择压缩算法

1) 离散多 TROI 定义

从 VIM 的构成过程得知，VIM 中每个纹理单元的视觉重要性值(visual important value，VIV)的变化范围是 0～255。本节将 VIV 值大于某个给定临界值 C_r 的纹理单元定义为感兴趣纹理单元(texel of interest，TOI)，并称这些 TOI 为纹理单元感兴趣区域(texel region of interest，TROI)。反之，小于 C_r 的纹理单元以及纹理图像中的空白区域(纹理图像由多个不同的小的子纹理块组成,这些子纹理块之间一般有一些空白区域)称为背景(back-ground，BK)。定义纹理图像中所有的纹理单元个数为 N_r，TOI 个数则为 N_t，BG 中纹理单元的个数为 N_g。

通常，ROI 都定义为一个固定形状，如圆形、矩形等，并且所有的感兴趣像素都在此 ROI 内部。然而，不同于已有文献中关于 ROI 形状的定义，本节定义的 TROI 并不是一个固定的形状，在此 TROI 中，TOI 分布在整个纹理图像中。从 VIM 可以看出，各个 TOI 由于视觉重要性不同，相应的 VIV 值并不相同。在执行纹理压缩时，应当根据各个 TOI 的 VIV 值的不同对其进行有选择性的压缩。然而，由于 VIV 值是 0～255，并不能将其分成 255 个等级再对其每一个等级进行选择压缩。

将 TROI 和 BK 分成 M 个不同的等级，并给每个等级赋予相应的优先级。一种方法是根据 VIV 将这些 TROI 平均分成 M 个级别。由于在整个 VIM 中 VIV 的分布不同，此方法造成了每个等级拥有不同数量的 TOI，甚至可能导致某些等级没有一个 TOI。由于本节采用的是一种基于最大位移的选择提升方法，我们会对某些高优先级别的 TOI 进行小波系数提升。然而，若此等级的 TOI 个数非常少，即使执行提升也不能获得较好的压缩质量，反而会导致压缩效率较低。

为此，本节提出一种新的基于最大位移的选择提升等级划分方法。不同于上述按照 VIV 的值进行平均划分的方法，这里主要考虑每个等级的 TOI 个数 N_r，根据需要尽量保证每个等级 N_r 及其所占比例 $R_r = N_r/N$ 相同。如果 TROI 分成 M 个等级，那么每个等级所占的比例定义为 $R_1,R_2,\cdots,R_M$，每个等级的优先级定义为 $P_1,P_2,\cdots,P_M$，其中 P_M 为最低优先级。

2) 离散多 TROI 的小波域掩码生成

从上述内容可以看出，纹理图像被分成多个离散的具有不同优先级的 TROI。在解压时若对这些 TROI 进行重构，需在压缩编码时构造出与其对应的小波域掩码，以获得重构每个 TROI 所需要的小波系数。当使用小波分解算法时，空间域上的图像 L_0 在小波域上分解成多个不同分辨率层次，即 $L_1,\cdots,L_n$。因此，TROI 小波域掩码的生成方法是从 L_1 到 L_n 逐层次进行遍历，并对每一层次的行和列进行变换。根据此小波变换，可以确定重构空间域上每个像素所需的小波系数。例如，将原始图像中的样本点定义为 $X(2n)$ 和 $X(2n+1)$，而 $L(n)$ 和 $H(n)$ 分别是属于某个样本的低频和高频子波带。对于 5/3 小波来说，逆变换如下：

$$X(2n)=\frac{L(n)-(H(n-1)+H(n))}{4} \tag{2.26}$$

$$X(2n+1)=\frac{L(n)+L(n+1)}{2}+\frac{6H(n)-H(n-1)-H(n+1)}{8} \tag{2.27}$$

可以看出，为重构出 $X(2n)$，需要 $L(n)$、$H(n-1)$ 和 $H(n)$。对于 $X(2n+1)$，需要 $L(n)$、$L(n+1)$、$H(n-1)$、$H(n)$ 和 $H(n+1)$。因此，若 $X(2n)$ 或 $X(2n+1)$ 属于 TROI，那么其所依赖的相应高频和低频子波带需加入小波域掩码中。

然而，由于多个离散 TROI 具有不同的优先级，因此属于这些 TROI 的系数也应当在掩码生成过程中赋予相应的优先级。从掩码生成过程可以看出，在原始纹理图像中相邻样本存在一些相同的子带，如 $L(n)$、$H(n-1)$ 和 $H(n)$ 都与原始图像中样本 $X(2n)$ 和 $X(2n+1)$ 相关。如果 $X(2n)$ 和 $X(2n+1)$ 具有相同的优先级，可以赋予 $L(n)$、$H(n-1)$ 和 $H(n)$ 相同的优先级。然而，处于不同优先级的 TOI 会彼此相混，这样会造成相邻的原始样本拥有不相同的优先级。

目前，研究领域内只是提出了确定相应的子带是否是小波域上的感兴趣区域的方法，并没有给出一种对相应的子带系数赋予不同优先级的方法。一种比较容易实现的方法是取这些相邻样本中优先级最大值或最小值赋给相应子带，但是，此方法会改变每个分解层次中各个等级所占比例 R_i 的大小。例如，如果选择最大原则，那么属于低等级 TROI 的小波系数将会随着小波分解的层次增高逐渐减少并最终导致它们在高层次消失。因此，为了保证所有分解层次的每个等级的比例保持不变，采用下面的方法给每个分解层的每个子带赋予一个合适的优先级。

(1) 获得所有相邻接的原始样本的优先权之和。例如，如果 $X(2n)$、$X(2n+1)$、$X(2(n+1))$ 和 $X(2(n+1)+1)$ 的优先级分别是 P_1、P_2、P_3 和 P_4，那么定义与这四个样本相关的系数如 $H(n)$ 的优先级是 P_1、P_2、P_3 和 P_4 的总和，即 $P_1+P_2+P_3+P_4$。

(2) 将所有的系数的优先级总和按照升序进行排序。

(3) 将这些系数的优先级总和按照相同的比例重新划分成 M 个等级，并给每个小波系数赋予相应的优先级值。

3) 针对多 TROI 的系数选择提升方法

在决定被提升的 TROI 后，可以利用最大位移法对每个子带相关的系数进行提升。然而，利用最大位移法时并不能对具有不同优先级的 TROI 获得不同的压缩率。本节在最大位移法的基础上提出了选择提升掩码(selective shift mask，SSM)方法。此方法选出那些具有高优先级的 TROI 而不是所有的 TROI 进行掩码提升，使 TROI 和 BK 位于不同的质量层次。如前面所述，整幅图像被分成 M 个等级，选择排列在前面的 L 个等级进行提升，而剩余的 $M-L$ 个等级和 BK 将会保留。调整 L 的值以调整 TROI 和 BK 的相对压缩质量。此外，由于采用的选择提升与小波变换的层次数相关，即 L 值不能大于小波分解层次数。可以看出，本节方法将根据 TROI 的优先级进行系数提升。因此，对于高优先级的 TROI 将会有更多的子带系数被提升。反之，那些低优先级的 TROI 将只有少量的子带系数被提升。此外，对于划分等级个数 M 而言，其取值的不同对选择提升算法有一定的影响。若 M 取值较大，那么纹理图像划分的等级就较多，相对较小的 M 值而言，可供选择提升层次就越多、越精细，此时选择提升的效果就越好。也就是可以精确地选择最需要的小波系数进行提升，从而在相同比特率下获得更好的视觉效果。另外，正如上面所述，选择提升算法可供提升的优先级不能大于小波变换层次，因此并不能将 M 值设置得过大。为此，在本节的实现中，通常将 M 设为 10 左右。

如图 2.9 所示，对纹理图像狼定义四个等级 TROI，分别是 $TROI_1$、$TROI_2$、$TROI_3$ 和 $TROI_4$，并分别用灰度表示，颜色最深的是 $TROI_1$，其次是 $TROI_2$、$TROI_3$ 和 $TROI_4$，背景区域用白色表示。这四个 TROI 的优先级为 $TROI_1 < TROI_2 < TROI_3 < TROI_4$。图 2.9(a)和图 2.9(b)分别是采用最大位移掩码方法和本节提出的 SSM 方法的效果。对于最大位移掩码方法，$TROI_1$、$TROI_2$、$TROI_3$ 和 $TROI_4$ 的所有子带的系数都被提升。而对于本节的 SSM 方法，每种 TROI 的系数都有不同的提升方法。例如，对于最高优先级的 $TROI_1$，所有系数的所有子带都被提升；而对于最低级别 $TROI_4$，只有 LL_3 子带的系数被提升；对于 $TROI_2$，LL_3、HL_3、LH_3、HH_3、HL_2、LH_2、HH_2 子带的系数被提升；对于 $TROI_3$，LL_3、HL_3、LH_3、HH_3 子带的系数被提升。

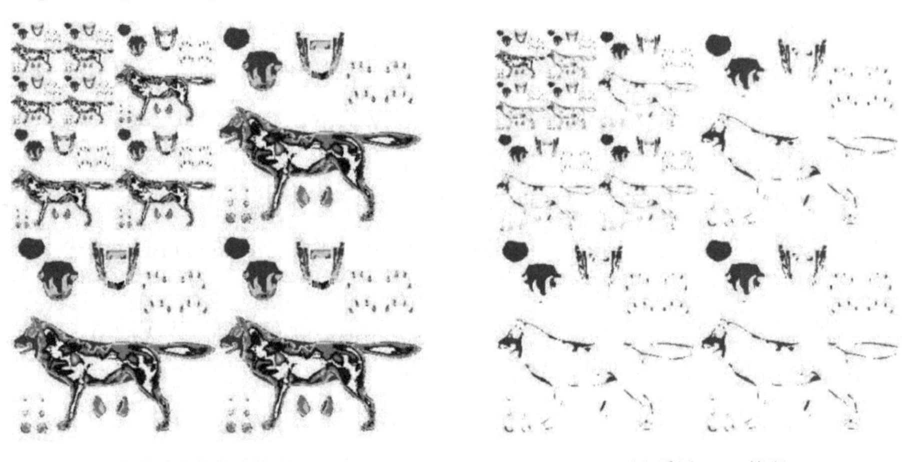

(a) 采用最大位移掩码　　(b) 采用 SSM 掩码

图 2.9　对四个 TROI 采用最大位移掩码和 SSM 方法的效果

2.3.2　基于几何视觉的纹理图像的混合 ROI 编码压缩

近年来，纹理三维模型在许多基于 Web 的图形应用中得到了广泛的应用，如在线三维游戏、虚拟三维模型、博物馆展览等。这是因为将纹理映射合并到三维模型中可以为应用程序提供更高程度的人类感知真实感。随着这些应用变得越来越复杂，需要为三维模型绘制高分辨率的映射纹理图像。这种高分辨率纹理图像的代价是数据量大，不利于在线传输和呈现。为了从根本上减少纹理数据，采用了 JPEG、SPIHT(分级树)中的集划分和 JPEG 2000 等可以逐步传输纹理数据的通用图像压缩技术。

纹理图像通常是人造的、不同于自然的二维图像。主要区别之一是纹理映射是用来投影到三维空间中的三维模型上的，在三维空间中浏览三维模型及其附着的纹理映射是很自然的。另一个区别是，纹理映射本身通常由多个纹理子图像组成，称为纹理图集，不能在二维图像空间中表示一个完整的语义对象。纹理映射只能在三维模型空间中表示具有语义意义的对象。在这种情况下，需要将二维空间的信息投影到三维空间中，计算纹理图在三维而不是二维空间中视觉上重要的区域。因此，将现有的显著性检测方法应用到纹理图中无法得到满意的结果，纹理图中没有计算出三维空间中视觉显著性区域。

本节的主要目的是提出一种有效的纹理贴图图像压缩方法。

(1)构建了一个 VIM，它考虑来自 3D 空间和 2D 纹理贴图的信息。特别地，考虑三个度量，即纹理贴图的显著性、纹理贴图的失真以及纹理贴图的图集边缘。

(2)在这个 VIM 的指导下，提出了一种混合 ROI 编码方法，它结合了最大位移法和改进的后压缩率失真(PCRD)技术来利用纹理图像的特殊功能。为了准确计算每个系数的优先级，提出了一种基于 VIM 的实用随机系数优先级掩码图(CPMM)计算方法。

1. 视觉重要性图

作为图像压缩或模型渲染参数的视觉重要性已广泛应用于图像识别和图形领域。本节设计了一种新颖的 VIM，它为纹理图像映射的每个纹素分配重要值，介绍了三个标准，即纹理贴图的显著性、纹理贴图的失真以及纹理图集的边界。下面将基于三个给定标准构建三个地图，即显著纹理图(STM)、边缘纹理贴图(ETM)和纹理失真图(TDM)，它们被组合以形成最终的 VIM。

1) 显著纹理图

如前面所述，纹理贴图的显著区域对人眼更具吸引力，通常被认为是视觉上重要的。在本节中，计算纹理贴图的显著性时会考虑纹理本身及其相应的几何。可以从纹理和几何特征图获得最终显著性图。对于每个纹理贴图，我们提取两个特征，即颜色和强度特征，以创建纹理特征贴图。对于几何体，我们采用曲率作为创建几何图的特征。

将 Itti 等(1998)中的显著性检测方法扩展到 3D 空间。首先通过从 3D 几何到 2D 纹理的逆映射，在 3D 空间中找到每个顶点的相邻顶点以及 2D 纹理贴图中每个顶点及其相邻纹素的对应纹素。然后，使用不同尺度的高斯算子的典型差异，使用几何、颜色和强度特征计算每个顶点的显著性值。最后，具有较高显著性值的顶点被表示为 3D 模型中的视觉上重要的区域。该方法的细节如下。

(1)将具有 3 像素×3 像素窗口的高斯滤波器应用于 2D 纹理域中的纹理图像中，以平滑图像并使其对噪声具有鲁棒性。

(2) 对于 3D 模型的每个顶点 v，捕获其相邻顶点集 $\mathrm{NS}_{v,r}$，其包括在 3D 几何域中具有 v 的距离 r 内的顶点集。对于每个顶点 v，执行从 3D 几何域到 2D 纹理域的逆映射。在这种情况下，在 3D 空间中具有半径 r 的圆在 2D 空间中变换为具有长和短半径 lr 和 sr 的椭圆 e。3D 模型的每个顶点 v 在 2D 纹理图像中具有一个对应的纹理像素 T_v，而每个 T_v 的相邻纹理像素 $\mathrm{NS}_{v,\mathrm{lr},\mathrm{sr}}$ 包括在 2D 纹理域中的椭圆 e 中。

(3) 对于每个顶点，计算其平均曲率 MC。每个纹理像素 T_v 的颜色 C 由三个分量 r、g 和 b 组成，进一步分解为红-绿(RG)和蓝-黄(BY)对等度 $\mathrm{RG}(T_v)=(r-g)/\max(r,g,b)$，$\mathrm{BY}(T_v)=(b-\min(r,g))/\max(r,g,b)$，纹理像素 T_v 的强度 I 是 $I(T_v)=(r+g+b)/3$。

(4) 给定每个顶点的 $\mathrm{NS}_{v,r}$，在不同尺度下计算平均曲率 MC、强度 I 和颜色 RG + BY 的高斯加权平均值。可以用式(2.28)计算 3D 几何域中 MC 的高斯加权平均值(MCGW)，并用式(2.29)计算 2D 纹理域中每个顶点 v 的 I 和颜色 RG + BY 的高斯加权平均值(FGW)。然后，用 $I(T_x)$ 或 $\mathrm{RG}(T_x)+\mathrm{BY}(T_x)$ 代替 $\mathrm{ICT}(T_x)$ 以分别获得 IGW 和 CGW。

$$\mathrm{MCGW}(v,r)=\frac{\sum_{x\in \mathrm{NS}_{v,r}}\mathrm{MC}(x)\mathrm{EXP}}{\sum_{x\in \mathrm{NS}_{v,r}}\mathrm{EXP}} \tag{2.28}$$

式中，$\mathrm{EXP}=\exp[\|x-v\|^2/(2r^2)]$；$r$ 是 3D 几何域中从 x 到 v 的距离。

$$\mathrm{FGW}(T_v,\mathrm{lr},\mathrm{sr})=\frac{\sum_{T_x\in \mathrm{NS}_{v,\mathrm{lr},\mathrm{sr}}}\mathrm{ICT}(T_x)\mathrm{EXP}'}{\sum_{T_x\in \mathrm{NS}_{v,\mathrm{lr},\mathrm{sr}}}\mathrm{EXP}'} \tag{2.29}$$

式中，$\mathrm{EXP}'=\exp[\|T_x-T_v\|^2/(2r'^2)]$，$r'$ 是 2D 纹理域中从 T_x 到 T_v 的距离。

(5) 可以使用式(2.30)计算每个顶点 v 的两个尺度 R_m 和 R_n 之间的差值，以获得相应的显著性 $G_l(m,n)$、$I_l(m,n)$ 和 $C_l(m,n)$。类似地，可以用 MCGW、IGW 和 CGW 替换 FGW 以分别得到 $G_l(m,n)$、$I_l(m,n)$ 和 $C_l(m,n)$。

$$\mathrm{GIC}_l(m,n)=\left|\mathrm{FGW}(v_i,2r_l)-\mathrm{FGW}(v_i,r_l)\right| \tag{2.30}$$

在本书的实现中，有五个尺度 $r_l\in\{2\varepsilon,3\varepsilon,4\varepsilon,5\varepsilon,6\varepsilon\}$，其中 ε 是模型边界框的对角线长度的 0.2%。

(6) 分别计算最终几何特征映射 $\bar{G}$、强度特征映射 $\bar{I}$ 和颜色特征映射 $\bar{C}$：

$$\bar{G}=\sum_{l=1}^{5}\alpha_l N(\bar{G}_l),\quad \sum_{l=1}^{5}\alpha_l=1 \tag{2.31}$$

$$\bar{I}=\sum_{l=1}^{5}\beta_l N(\bar{I}_l),\quad \sum_{l=1}^{5}\beta_l=1 \tag{2.32}$$

$$\bar{C}=\sum_{l=1}^{5}\gamma_l N(\bar{C}_l),\quad \sum_{l=1}^{5}\gamma_l=1 \tag{2.33}$$

式中，$N(\cdot)$ 是抑制的非线性归一化。从式(2.31)～式(2.33)可以看出，最终特征图是五个不同比例特征图的加权总和。通常，不同比例的特征图捕获不同大小的显著区域。当比例小时，捕获小的显著区域，而大块特征图显示大块显著区域。在这种情况下，如果想要获得模型的小块显著区域，应该设置小尺度特征图的权重，使 $\alpha_{1,2}$、$\beta_{1,2}$ 和 $\gamma_{1,2}$ 具有较小的值。相反，权重 $\alpha_{4,5}$、$\beta_{4,5}$ 和 $\gamma_{4,5}$ 被设置为大值以获得大块显著区域。

(7) 将 $\bar{I}$ 和 $\bar{C}$ 组合成最终纹理特征映射 $\bar{T}$：

$$\lambda_1 N(\bar{I}) + \lambda_2 N(\bar{C}), \quad \lambda_1 + \lambda_2 = 1 \tag{2.34}$$

(8) 将 $\bar{T}$ 和 $\bar{G}$ 组合以形成最终显著性图 S：

$$S = \iota_1 N(\bar{T}) + \iota_2 N(\bar{G}), \quad \iota_1 + \iota_2 = 1 \tag{2.35}$$

通常，从感知的角度来看，强度、颜色和几何在纹理模型中扮演不同的角色。在构造最终显著性图 S 时，需要针对不同种类的纹理模型调整式 (2.34) 和式 (2.35) 中的 λ_1、λ_2、ι_1、ι_2 的权重。例如，关于如图 2.10 (a) ～ (e) 所示的头部模型，几何特征图可以捕获眼睛和嘴巴，因为这些区域周围存在丰富的变化曲率信息。颜色特征图不仅可以捕获眼睛和嘴巴，还可以捕获眉毛，因为它们具有与周围脸部不同的颜色。同时，强度特征图仅捕获深色的视觉上不重要的区域，如头发和衣领。因此，必须增加 λ_1 的权重并减少 λ_2 的权重。在实现中，对于头部模型，λ_1、λ_2、ι_1 和 ι_2 分别被设置为 0.8、0.2、0.75 和 0.25。

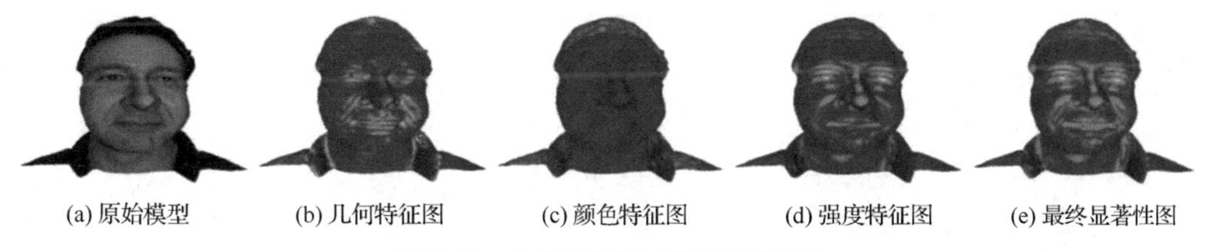

(a) 原始模型　(b) 几何特征图　(c) 颜色特征图　(d) 强度特征图　(e) 最终显著性图

图 2.10　头部模型的不同特征映射

2) 边缘纹理贴图

由于纹理图集被映射到 3D 模型的不同区域，因此邻近区域之间的边界在视觉上也是重要的。检测 2D 图像空间中纹理图集的边界，并为它们分配高视觉重要性值，以增加块的视觉重要性值。

基于 STM，可以应用边缘检测方法来捕获每个纹理图集的边缘，如图 2.11 (b)、(f) 所示。在实现中，利用二值化操作来使用纹理贴图将这些纹理图集区分为前景。此后，使用 Canny 算子，它在噪声和弱边缘之间具有良好的平衡性，以获得这些纹理图集的精确边缘。与每个纹理图集的边缘相关的纹理被赋予高视觉值 ξ，将边缘检测后的纹理图像称为边缘纹理贴图。

3) 纹理失真图

当纹理贴图被映射到 3D 模型时，纹理贴图会失真，而由于参数化，其纹理像素在模型表面上被非均匀地采样。因此，将此纹理贴图失真作为第三个视觉重要性度量。

关于纹理偏差，其通过 3×2 的雅可比矩阵测量，雅可比行列式的最大和最小奇异值分别表示最大和最小参数化失真。这里采用最小的奇异值 σ。σ 的值越小，纹理域中多边形的采样频率就越大。在获得了入射到一个顶点的所有多边形的最小奇异值 σ 之后，将它们平均为每个顶点的最终奇异值。此后再还将这些多边形投影到纹理域上，并对每个多边形应用双线性插值。与 STM 类似，所有奇异值都输出到 TDM，如图 2.11(c)、(g)所示。

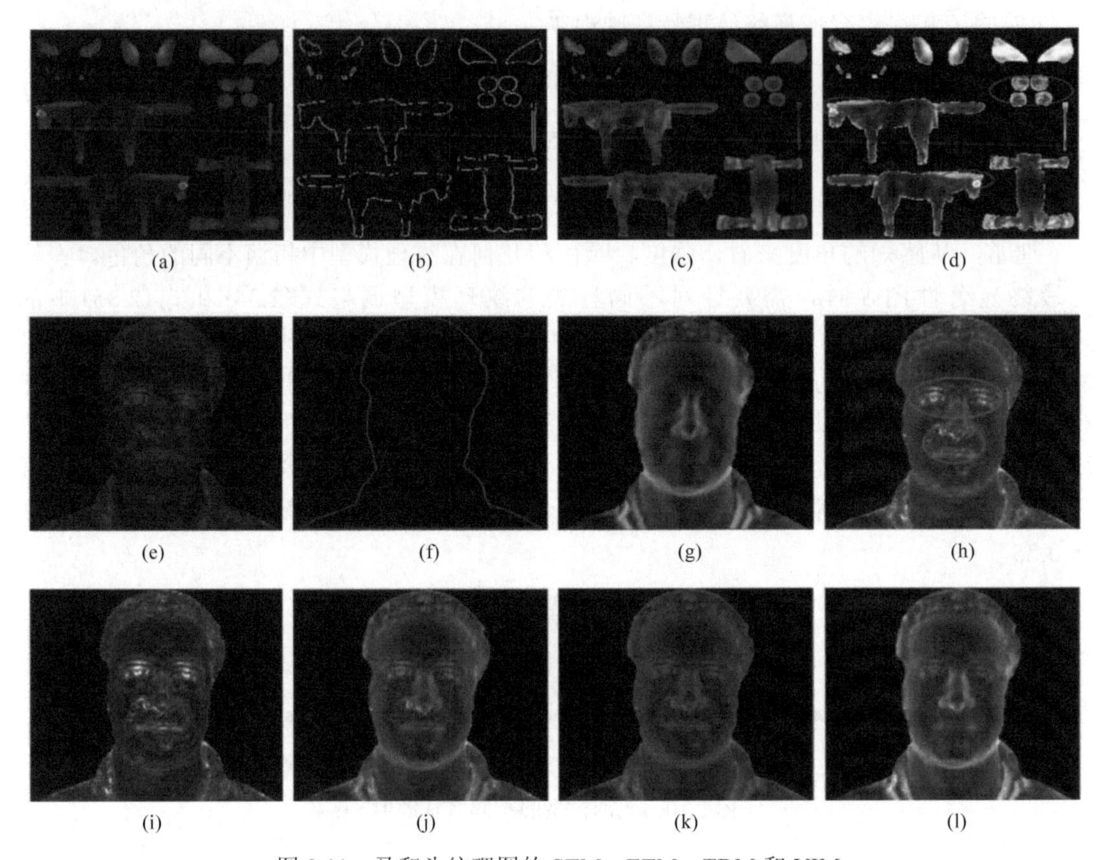

图 2.11　马和头纹理图的 STM、ETM、TDM 和 VIM

(a)～(d)描绘了马纹理图的 STM、ETM、TDM 和 VIM；(e)～(h)描绘了头纹理图的 STM、ETM、TDM 和 VIM；(i)～(l)给出了头部纹理贴图的 VIM，其具有不同的 STM、ETM 和 TDM 权重

最后，将 STM、ETM 和 TDM 结合到 VIM 中，其归一化权重由式(2.36)给出。通过式(2.36)可获得每个纹素的重要性值：

$$\sigma=\kappa_1\times N(\rho(u,v))+\kappa_2\times N(\varsigma(u,v))+\kappa_3\times N(\sigma(u,v)),\quad \kappa_1+\kappa_2+\kappa_3=1 \tag{2.36}$$

式中，$\rho(u,v)$、$\varsigma(u,v)$、$\sigma(u,v)$ 分别表示 STM、ETM 和 TDM 图中 (u,v) 处纹理单元的重要性值。

如前所述，由于显著区域通常在最终视觉重要性值中起重要作用，因此 κ_1 通常设定为比其他两个权重 κ_2 和 κ_3 更大的值。对于图 2.11(d)和(h)中报告的结果，马和头的 κ_1、κ_2 和 κ_3 的相应值分别为 0.5、0.25 和 0.25。为了显示 STM、ETM 和 TDM 在生成最终 VIM 中的影响，使用 STM、ETM 和 TDM 的不同权重在图 2.11(i)～(l)中给出结果。在图 2.11(i)～(l)中，子图中最终 VIM 的相应权重 κ_1、κ_2 和 κ_3 分别为 0.8、0.1 和 0.1；1/3、1/3 和 1/3；0.25、0.5 和 0.25；0.25、0.25 和 0.5。从以上结果可以看出，图 2.11(i)清楚地显示了视觉上重要的区域。因此，通常在生成 VIM 的同时增加 STM 的权重 κ_1。

2. VIM 引导混合 ROI 编码

根据特定的纹理映射，本节提出了一种由 VIM 引导的新型混合 ROI 编码方法，该方法结合了最大位移法和改进的 PCRD ROI 编码。为了在执行混合 ROI 编码之前重建纹理映射的 ROI，有必要在小波域中识别它们的精确小波系数及其相关联的优先级值。然而，如相关工作中所述，现有的 ROI 编码方法不能实现小波系数的精确度优先级。因此，本节提出了一种随机迭代 CPMM 计算方法。

1) 生成 CPMM

对于任何类型的小波变换，前向和后向变换都可以视为线性变换。结果，每个小波系数 y_p 是一些像素 x_q 的线性叠加：

$$y_p = \sum_{q \in N(p\uparrow)} w_q x_q \tag{2.37}$$

式中，$p\uparrow$ 表示输入图像比例中的相应坐标。例如，如果 $y_p(p=(i,j))$ 是两级小波变换的近似系数之一，则 $p\uparrow=(4i,4j)$，$N(p\uparrow)$ 是 $p\uparrow$ 的邻域，w_q 是加权系数，它们都取决于小波变换中的小波基。

可以通过 VIM 获得像素的优先级值。为清楚起见，将 VIM 表示为 τ，因此，τ_q 表示 τ 中的像素 q。此外，后文中将 θ_p 表示为小波域中的系数优先级。从式(2.37)可以看出，具有较大绝对权重 w_q 的像素 x_q 对其对应的小波系数 y_p 具有更大的贡献。因此，θ_p 可以评估如下：

$$\theta_p = \sum_{q \in N(p\uparrow)} |w_q| \tau_q \tag{2.38}$$

所有 θ_p 被组合成系数优先级掩码图(CPMM)，表示为 θ。现提出一种随机方法，其优点是易于实现，用于计算 $\theta=\{\theta_p\}$，如算法 2.1 所示。

算法 2.1(输入 τ，输出 θ)

(1) 初始化：$\theta=0$。
(2) 生成随机图像 r，其具有从−1 到 1 的均匀分布范围。
(3) $\tilde{\beta}=\mathrm{sgn}(r)\cdot\tau$，其中“·”是逐像素乘积运算符。
(4) 对 $\tilde{\tau}$ 的小波进行变换：$\tilde{\theta}=W(\tilde{\tau})$。这里 $W(\cdot)$ 表示小波正向变换。
(5) 更新对于每个 p 的 $\theta:\theta_p=\max(\theta_p,|\tilde{\theta}_p|)$。
(6) 停止：当 θ 未收敛时，返回步骤(2)。

经过几次迭代后，这个随机算法收敛到 $\max \tilde{\tau}\in \Gamma \sum_{q\in N(p)} w_q\tilde{\tau}_q$，其中 $\Gamma=\{\gamma\,|\,\mathrm{abs}(\gamma_p)=\mathrm{abs}(\tau_p), \text{for each } p\}$。

有以下公式：

$$\theta_p = \sum_{q \in N(p\uparrow)} |w_q| \tau_q = \sum_{q \in N(p)} w_q \,\mathrm{sgn}(w_q)\tau_q = \max_{\tilde{\tau}\in\Gamma} \sum_{q \in N(p)} w_q \tilde{\tau}_q \tag{2.39}$$

图 2.12 展示了算法 2.1 的结果。

(a) 输入视觉重要性图 β　(b) $\tilde{\beta}$（在算法 2.1 的步骤(3)中定义）(c) 最终 PDM α（显式方法）

(d) 5 次迭代的结果　(e) 50 次迭代的结果　(f) 300 次迭代的结果

图 2.12　算法 2.1 的结果

2) 混合 ROI 编码

本节提出了一种结合最大位移法和改进的 PCRD 优化方法的混合方法。

首先，最大位移法用于缩放前景系数：

$$\tilde{y}_p = \begin{cases} 2^U y_p, & \theta_p > 0 \\ y_p, & \text{其他} \end{cases} \tag{2.40}$$

式中，y_p 是原始图像的小波系数，并且 U 被选择为足够大，使得可以仅基于解码量化指数来区分前景和背景样本。

其次，通过修改代码块的失真贡献，将改进的 PCDR 方法合并到我们的流水线中：

$$D_i^s = G_i \sum_{p \in B_i} \frac{\theta_p (\tilde{y}_p - \hat{\tilde{y}}_p^s)^2}{M_i + \varepsilon} \tag{2.41}$$

式中，D_i^s 表示由码块 B_i 的附加子位平面编码通道 s 所贡献的失真；G_i 表示 B_i 的能量增益因子；$\hat{\tilde{y}}_p^s$ 表示与直到第 s 个子位平面的编码。

$$M_i = \#\{p \mid \theta_p > 0, p \in B_i\} \tag{2.42}$$

式中，$\#\{\cdot\}$ 是计数运算符，给出满足在 B_i 中的 p 和满足 $\theta_p > 0$ 的 p 的数量。在式(2.41)中，由于在前景区域的边缘附近有许多零值系数，M_i 的除法避免了边缘块的失真显著减小。此外，ε 是一个微小的正实数，以避免被零除。

图 2.13 显示了由最大位移法、PCRD 方法和本书的方法得到的小波域中的三个视觉重要性图。从该图中可以看到以下内容。

(1) 前景区域中的所有系数在最大位移法中具有相同的视觉重要性值，并且通常以相同的比例移位。

(2) PCRD 方法模糊前景区域和背景区域之间的边缘。

(3) 本书的方法具有最大位移法和 PCRD 方法的优点，即前景的锐边和不同的视觉重要性值以匹配 ROI。

(a) 最大位移法

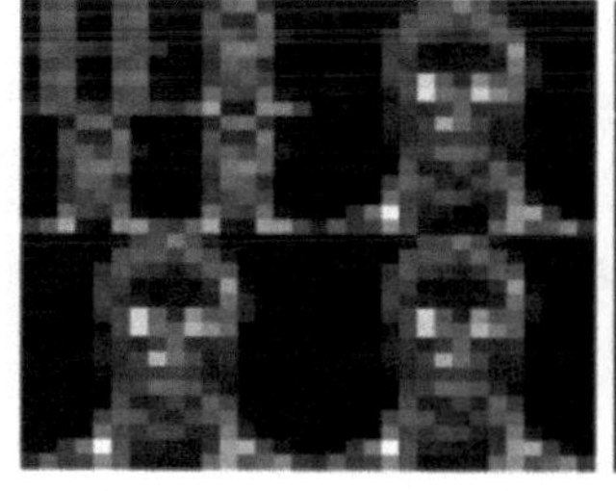

(b) PCRD 方法

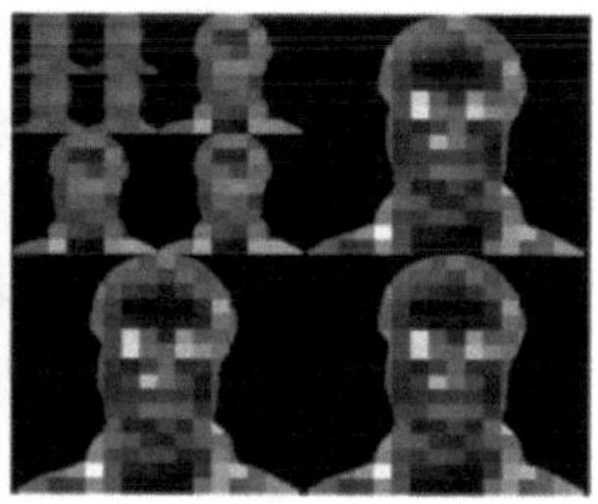

(c) 本书的方法

图 2.13　小波域中的 VIM 由三种方法产生
图(b)和图(c)的块大小为 16 像素×16 像素

2.3.3　实验结果与分析

对于 2.3.1 节，采用 JPEG 2000 压缩结构实现。为验证本节方法的有效性，将本节提出的方法与使用无 ROI 编码的 JPEG 2000 压缩方法(JPEG 2000 without ROI coding, JRC)、采用最大位移 ROI 编码的 JPEG 2000 压缩方法(JPEG 2000 with MaxShift ROI coding，JMRC)做比较。其中，JMRC 方法中 ROI 的定义采用的是本节的视觉重要性图。

2.3.2 节中我们将压缩结果与没有 ROI 编码的 JPEG 2000(JWRC)和加权 ROI 编码(WRC)方法进行了比较，这是一种改进的 JPEG 2000 ROI 编码方法。在 Bartrina-Rapesta 等(2009)的文献中给出的实验方法的实施中，采用了本节的 VIM。为了验证方法的有效性，我们比较了纹理贴图的重建质量和相应纹理模型的渲染结果与重建的纹理贴图。

在实验中，使用了三种纹理模型：猛禽、头和马，并使用 256 像素×256 像素的 24 位 RGB 颜色纹理贴图进行映射。采用五个级别的 5/3 可逆整数小波变换和一个大小为 16 像素×16 像素的码块。

图 2.14 显示了使用 JWRC、WRC 和本书的方法将三个重建纹理图像与其各自来源进行比较的 WPSNR 值。从结果可以看出，本书方法的 WPSNR 值高于 JWRC 和 WRC。此外，WRC 获得的 WPSNR 值与本书的方法大致相同，并且大于 JWRC。主要原因是 WRC 采用了我们的 VIM，它压缩纹理贴图，而 JWRC 不使用任何 ROI 编码。

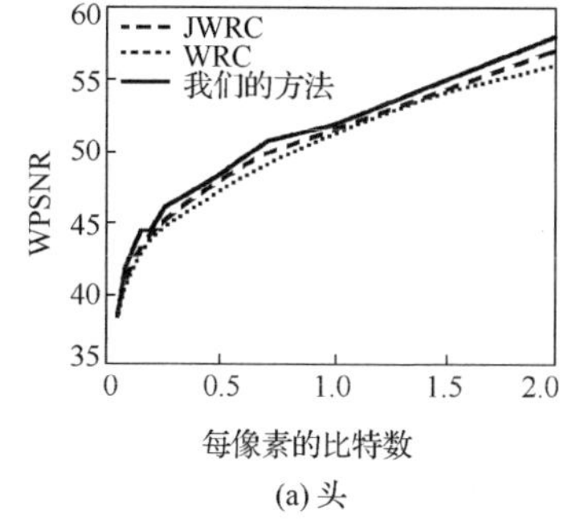

(a) 头

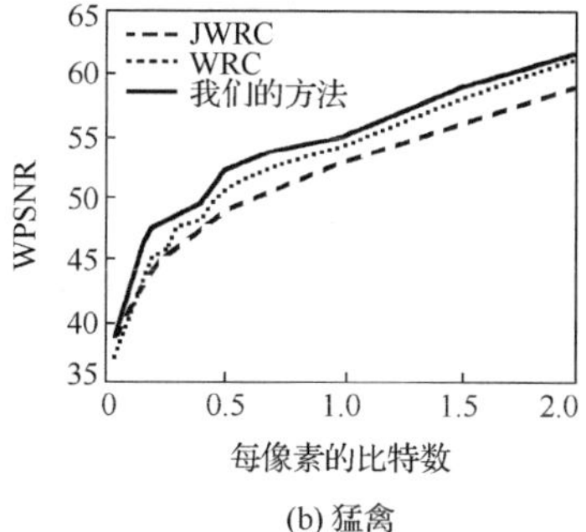

(b) 猛禽

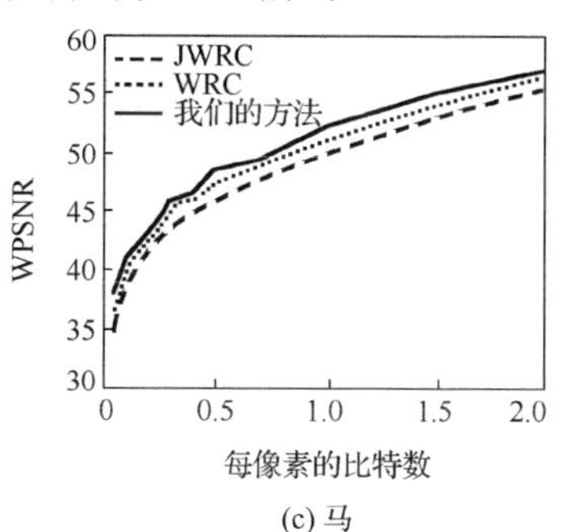

(c) 马

图 2.14　JWRC、WRC 和本书的纹理贴图方法的 WPSNR

虽然 WRC 采用改进的 ROI 编码，但它获得的压缩结果仍然低于本书的方法。主要原因如下：①在 VIM 的帮助下计算每个块的最终失真时，WRC 仅考虑与 ROI 相关的一个特定码块的系数百分比，并且不考虑确切的视觉效果——ROI 系数的仪态值；②此外，我们的混合编码使用最大位移法，其将前景区域放置在压缩比特流的开始处，因此使用更多比特来分配视觉上重要的区域。

从图 2.15 中可以看出，使用本书方法的背景区域的重建结果与使用其他两种方法(尤其是 JWRC 方法)的源纹理映射不匹配。例如，本书方法中头、马和猛禽产生的背景区域非常模糊。对于这些区域，JWRC 实现了最佳压缩效果。此外，使用本书方法对一些不重要的视觉区域(如头部的面部和下巴)的压缩结果也不好。

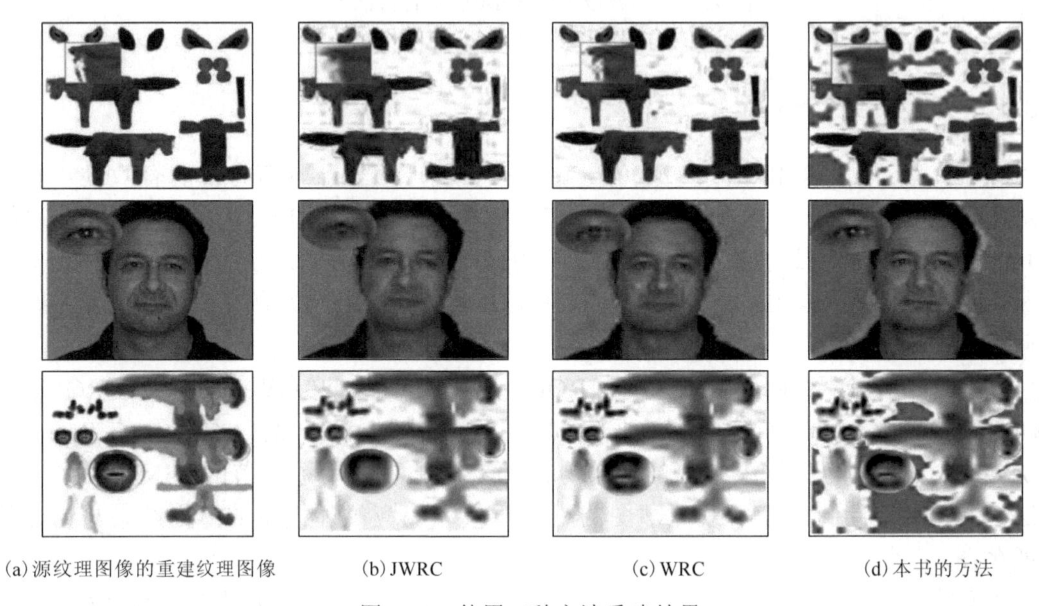

(a)源纹理图像的重建纹理图像　(b)JWRC　(c)WRC　(d)本书的方法

图 2.15　使用三种方法重建结果

其主要原因是本书方法仅降低了这些背景区域和不重要区域的质量，以改善视觉上重要区域的质量。幸运的是，背景区域没有映射到 3D 模型，如图 2.14 所示。此外，用户在浏览 3D 模型时不会关注视觉上不重要的区域。因此，我们并不关心这些背景区域或视觉上不重要的区域的重建质量。

此外，可以看到由本书的方法生成的重建纹理图像映射中的每个纹理图集的边缘都得到了很好的保留。通常，每个纹理图集都被空白包围，空白空间不会严重模糊，因为这些边缘被赋予了高视觉重要性值。此外，在我们的混合 ROI 编码中，还保护这些边缘。

表 2.4 给出了渲染结果的 PSNR/MS-SSIM 值，而通过三种不同方法使用各种压缩比压缩的重建纹理图像被映射到 3D 模型上。从表 2.4 可以看出，本书的方法产生的渲染结果具有三种方法中最大的 PSNR 和 MS-SSIM 值。这意味着本书的方法生成的纹理模型的渲染结果比其他两种方法的渲染结果更接近源模型的渲染结果。例如，对于比特率(BPP)为 0.05 的猛禽模型，本书的方法获得的 PSNR 和 MS-SSIM 值分别比 JWRC 高出 3.1%和 3.62%，比 WRC 高出 1.26%和 3.22%。

表 2.4 JWRC、WRC 和本书的方法的 PSNR/MS-SSIM 值

模型	BPP	JWRC	WRC	本书的方法
猛禽	0.05	17.39%/77.81%	19.23%/78.21%	20.49%/81.43%
	0.08	20.64%/81.32%	21.55%/82.25%	23.66%/84.56%
	0.12	27.86%/82.46%	29.45%/83.52%	31.34%/86.67%
	0.24	30.41%/88.25%	31.66%/89.21%	32.58%/91.63%
	0.48	35.29%/91.92%	37.06%/92.32%	38.16%/93.85%
头	0.05	16.46%/77.36%	18.09%/79.53%	19.35%/81.74%
	0.08	19.67%/81.91%	20.93%/82.94%	21.67%/83.94%
	0.12	21.94%/85.85%	22.53%/86.42%	23.66%/87.85%
	0.24	23.91%/89.92%	25.62%/91.23%	28.45%/93.56%
	0.48	30.79%/92.51%	31.71%/93.04%	33.25%/94.26%
马	0.05	17.01%/77.99%	19.09%/78.21%	20.05%/81.63%
	0.08	20.89%/81.71%	21.56%/82.45%	23.95%/84.94%
	0.12	28.19%/84.45%	28.99%/85.61%	29.84%/87.96%
	0.24	31.59%/88.82%	32.78%/89.06%	33.67%/92.99%
	0.48	34.03%/91.91%	35.61%/92.89%	36.95%/94.23%

小 结

本节提出了一个基于三维几何视觉重要性的纹理图像选择压缩方法。先将纹理图像中与几何相关的视觉重要性区域定为纹理单元感兴趣区域。在压缩时，降低此纹理图像中纹理单元感兴趣区域的压缩比，而尽力压缩其他非纹理单元感兴趣区域。为获得与几何相关的视觉重要性区域，综合考虑纹理图像的显著性信息及其纹理映射时纹理走样信息，并在此基础上构建视觉重要性图。基于此图，纹理图像被分割为具有不同优先级的多个离散纹理单元感兴趣区域和背景部分。为获得较好的压缩比及视觉效果，本节根据此优先级提出了选择性压缩方法，此方法通过提升属于不同子波带的小波系数来完成。为准确获取属于不同纹理单元感兴趣区域的小波系数，提出了一种纹理单元感兴趣区域掩码生成方法。与传统的 JPEG 所采用的最大位移 ROI 方法相比，本书的方法能够在获得较高的压缩性能的同时，较好地保持纹理图像中的视觉重要性区域的图像细节。由于我们选择提升方法是基于 JPEG 2000 基础完成的，因此该方法容易实现。同时，可以将此方法广泛应用于在线三维应用程序中纹理模型的纹理图像的渐进传输中。

本节还提出了一种纹理贴图的压缩方法。在这种方法中，考虑纹理贴图的特殊功能，即它与 3D 几何信息相关联。本书提出了一种视觉重要性图的生成方法，以捕获视觉上重要的区域。然后，引入利用最大位移法和改进的 PCRD 技术的混合 ROI 编码方法来压缩纹理图。为了找到与这些 ROI 有关的精确小波系数，本书提出了一种计算 ROI 掩模的随机方法。

第 3 章　面向网络传输的三维网格动画压缩编码方法

本章主要围绕减少网络带宽的设计目标，对基于三维网格的动画压缩传输编码方法进行研究，主要介绍面向网格动画的帧聚类(frame-clustering)算法、基于谱图小波的网格动画压缩算法、非线性约束的整数规划时域聚类算法，以及基于模型运动性与空间连续性的分割算法及编码。

3.1　面向网格动画的帧聚类算法

三维网格序列动画被定义为由一系列的静态网格组成的动态网格序列，其中每一个网格代表一帧数据，因此该网格动画又叫帧网格序列。由前面的分析可知，一段时间内帧与帧间的网格数据存在较大的相似性，从而存在大量的冗余信息。因此本章提出可通过基本的聚类思想对帧序列进行聚类，使相似的网格帧聚集到一起成为一类，为下一步消除时域冗余做准备。此外，与传统的帧聚类算法相比，本章对帧间相似度重新进行了定义，从而保证各类所含的帧索引连续。这样在对各类选取代表帧后，可以通过对代表帧的传输实现网格动画效果的渐进传输。

3.1.1　ICP 算法概述

在对网格动画序列进行帧聚类之前，要找到帧网格矩阵间的变换关系，即旋转矩阵与平移矩阵，这里采用迭代最近点(iterative closest point，ICP)算法进行计算。

ICP 算法是由 Besl 和 Mckay 提出的一种三维匹配算法，基本思想为：从两个三维数据点集各自不同的坐标中，找出两个点集之间的空间变换矩阵，使它们能够进行空间匹配。假设有两个对应的点集几何分别为 $X=\{x_1,x_2,\cdots,x_n\}$ 和 $P=\{p_1,p_2,\cdots,p_n\}$，则该问题可描述为：求解旋转矩阵 R 和平移向量 t，使得式(3.1)的误差函数最小，即

$$E(R,t)=\arg\min_{R,t}\frac{1}{N}\sum_{i=1}^{N_p}\left\|x_i-(Rp_i+t)\right\|^2 \tag{3.1}$$

ICP 算法是基于最小二乘法的最优匹配算法，主要可分为原始点云数据采样、确定初始对应点点集、过滤错误对应点对及求解坐标变换矩阵四个关键步骤。

在本章中计算帧网格间的变换关系时，将帧静态网格的顶点集看作两个点云集，然后调用 ICP 算法即可得到帧网格模型间的旋转矩阵和平移向量：即设 V_i 和 V_j 为网格动画序列中任意两帧静态网格模型的坐标，矩阵 R_{ij} 和 t_{ij} 分别为从 V_i 变换到 V_j 所对应的旋转矩阵和平移向量。其中 R_{ij} 和 t_{ij} 满足式(3.2)中的误差函数值 $E(R_{ij},t_{ij})$ 最小。

$$E(R_{ij},t_{ij})=\arg\min_{R,t}\left\|V_j-(V_i\cdot R_{ij}+t_{ij})\right\| \tag{3.2}$$

3.1.2　类 K-means 的帧聚类算法

1. 传统的 K-means 聚类算法

K-means 算法是一种经典的聚类算法，基本思想为：给定数据样本集 Sample 和应该划分的类数 k，通过某一个相似衡量标准对 Sample 中的数据进行聚类，最终形成 k 个簇。通常选取 Euclidean 距离或 Manhattan 距离作为相似度的衡量标准。

算法首先从 n 个样本里随机选择 k 个对象作为 k 个簇的初始聚类中心；对于其余每一个对象，计算该对象与各个聚类中心之间的距离，根据最小距离把它分配到与之最相似的聚类中；然后重新计算每个聚类的新中心；重复上述过程，直到符合收敛条件为止。具体算法描述如下：

(1) 随机选取 k 个聚类中心点为 $\mu_1,\mu_2,\cdots,\mu_k\in\mathbb{R}^n$。

(2) 重复下面的过程直至收敛。

对于每一个样例 i，计算其应该属于的类：

$$c^{(i)}:=\arg\min_j \| x^{(i)}-\mu_j \|^2$$

对于每一个类 j，重新计算该类的中心：

$$\mu_j:=\frac{\sum_{i-1}^{m} 1\{c^{(i)}=j\}x^{(i)}}{\sum_{i-1}^{m} 1\{c^{(i)}=j\}}$$

式中，$1\{\cdot\}$ 为指示函数，如果 c 属于类 j 则为 1，否则为 0。

2. 改进后的类 K-means 帧聚类算法

在进行帧聚类之前，为了消除模型运动时空间位置变化的差异，首先逐帧对所有顶点进行中心化处理，即计算每个顶点相对于该帧模型的中心点的相对坐标，替代该顶点的原始坐标。

设 v_i^f 为第 f 帧模型中任意一个顶点，$v_c^f({}_xv_c^f, {}_yv_c^f, {}_zv_c^f)$ 为第 f 帧模型的中心点，其中 ${}_xv_c^f$、${}_yv_c^f$、${}_zv_c^f$ 的值分别为如式(3.3)所示：

$${}_xv_c^f=\frac{\sum_{i=1}^{N} {}_xv_i^f}{N},\quad {}_yv_c^f=\frac{\sum_{i=1}^{N} {}_yv_i^f}{N},\quad {}_zv_c^f=\frac{\sum_{i=1}^{N} {}_zv_i^f}{N} \tag{3.3}$$

则顶点 v_i^f 的相对坐标为 $v_i'^f=v_i^f-v_c^f$。因此，在执行后面所提出的算法进行帧聚类时 $v_i^f=v_i'^f$。

对网格帧间的相似性进行衡量时，传统方法仅将两个帧坐标矩阵间的几何距离作为度量标准，即 $d_{ij}=\left\|f_i-f_j\right\|$。而考虑到该压缩算法的压缩对象为关键帧动画，帧与帧间还存在一个不同时间间隔的问题，因此在对帧距进行定义时，不仅考虑到网格残差，还将加入时间差值。

以第 i 帧到第 j 帧的帧距 d_{ij} 为例，其最终表达式为

$$d_{ij}=\left\|f_j-(f_i\cdot R_{ij}+T_{ij})\right\|+\lambda|t_i-t_j| \tag{3.4}$$

式中，R_{ij} 与 T_{ij} 矩阵分别表示利用ICP算法所计算得到的第 j 帧变换到第 i 帧的旋转矩阵和平移矩阵；t_i 与 t_j 分别表示第 i 帧与第 j 帧在单位网格动画时间(1s)内的时间坐标，且满足：

$$|t_i - t_j| = \frac{1}{K-1}|i-j| \tag{3.5}$$

当 $\lambda = 0$ 时，表明帧距仅考虑几何距离。由于网格动画变化的不定性，在执行聚类算法后，各类所包含的帧序不一定保持连续，而当 λ 值逐渐增大，两帧间的时间间隔比重增大到某一值时，各类所包含的帧索引值开始连续，即对原始网格动画序列进行连续分段。

在对网格序列进行聚类后，可通过找到各段的代表帧来得到该网格动画的一个基本的动画效果。获取代表帧的计算方式为：逐帧计算当前帧与其他各帧的帧距总和，将和值最小的当前帧定义为代表帧。

设原始帧网格序列为 $M=(f_1,f_2,\cdots,f_F)$，对其执行帧聚类算法结果为 $M=(C_1,C_2,\cdots,C_K)$，$K<F$，其中 $C_k=(f_{k1},f_{k2},\cdots,f_{km})$，$k\in[1,K]$ 为其中任意一类帧序列，m 为该类所包含的帧的个数，则代表帧 f_r 作为该类内帧序列中的其中一帧（即 $f_r\in(f_{k1},f_{k2},\cdots,f_{km})$）满足：

$$d_{\text{sum}} = \min\left(\sum_{t=C_{i1}}^{C_{im}}(\|f_r-(R\times V_t+T)\|+\lambda|t_r-t_t|)\right) \tag{3.6}$$

综上所述，设需要被压缩的动画网格序列共有 F 帧，将要被分为 k 个簇，则本章所提出的帧聚类算法主要分为以下几个步骤。

(1)随机选取 k 个帧作为 k 个聚类的初始代表帧，将其索引保存在数组Sframes中。

(2)选择第 $i(i=1,2,\cdots,N)$ 帧数据作为当前帧，计算当前帧到各个代表帧 $j(j=\text{Sframes}(1),\cdots,\text{Sframes}(k))$ 的帧距，即

$$d_{ij} = \|f_i-(f_j\cdot R+T)\|+\alpha\|t_i-\beta t_j\| \tag{3.7}$$

(3)将第 i 帧归为当得到最小帧距时的 C_j 中。

重复步骤(2) N 次，所有帧都已被分到各自的类中，聚类结束。

针对每个簇，找出该类新的代表帧：逐帧计算当前帧与其他各帧的帧距总和，满足式(3.7)即得到值最小的当前帧被定义为代表帧。

重复聚类的过程，直到满足收敛终止条件：达到最大迭代次数times或段内代表帧与其他帧的最大帧距小于阈值threshold。

保存最终的聚类结果及其代表帧 f_r。

3.1.3 实验结果与分析

前面提出的帧聚类算法，其中涉及的可调参数有关键帧时间差值在帧距所占的比例系数 λ 和帧聚类时最终的聚类个数num_clusters。

其中关于num_clusters的取值，由于我们采用的是K-means算法的核心思想，目前只能通过多次实验来慢慢调整num_clusters的取值使其达到最优，最终结论表明，当每段帧序列所包含的帧数为20～30时，结果最为理想。但是多次实验才能达到算法的最优

化，耗时长，效率低。在下一步工作中将采用一种自适应的帧聚类算法，能更快取到 num_clusters 的最优值。

下面的实验选取前面提到的网格动画模型牛进行帧聚类算法测试。由前面的实验结论可知，当每段帧序列所包含的帧数为 20～30 时，结果最为理想，由于牛动画的帧数 $F=204$，因此这里设置其 num_clusters = 8。接下来，在聚类个数相同的前提下，对不同的 λ 值和不同的聚类方式所得到的不同的聚类结果进行比较分析。

1) 相同类数，不同的 λ 值：λ=0 和 $\lambda\neq0$ 的比较

设置 num_clusters = 8，并利用不同的颜色表示不同的类。

当 λ=0 时，执行聚类算法时仅考虑几何距离，各类所包含的网格帧的帧序在时间上分布离散；当 $\lambda\neq0$ 且 $\lambda=10^3$ 时，帧聚类算法中衡量帧相似度时，关键帧时间差值将占一定比例，各类所包含的网格帧索引值在时间上连续。

此外，当 λ 值过大时，关键帧时间差值所占比例过大，聚类结果将只取决于帧时差，而违背了聚类最初以帧相似性为聚类准则的初衷。这里一般选取使帧聚类开始连续分段的较小整数值，一般取 $\lambda=10^3$ 即可。

下面以 num_clusters = 8，$\lambda=10^3$ 执行帧聚类算法得到的结果为例。如图 3.1 所示，通过对图中代表帧序列的观察，便可很明显地得到该网格动画的变化趋势，从而得到一个粗糙的动画效果。

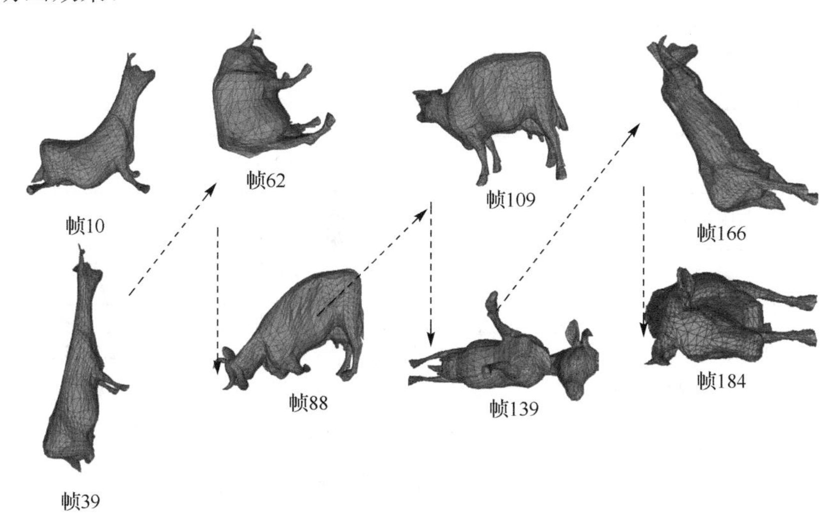

图 3.1　网格动画牛分段后代表帧序列

2) 相同类数，对于平均聚类和优化聚类两种分段方式的比较

关于平均聚类(average-key)，是指对网格序列全部帧进行平均分段，各段所包含的帧数相等(除最后一段因总帧数不能被整除而不一致外)且连续；而优化聚类(optimize-key)是指对网格序列全部帧利用本章提出的算法进行分段，各类内部帧序连贯，但各段所包含帧数不确定。

下面同样设置 num_clusters = 8，分别以平均聚类和优化聚类两种方式对网格序列执行帧聚类，并找到各类代表帧。

选取部分类对各自类内的帧距分布利用条形图进行显示，分别如图 3.2(a)、(b) 所示。这里的帧距指的是该类关键帧到类内其他各帧的距离。

设 $C_k=(f_{k1},f_{k2},\cdots,f_{km})(k\in[1,K])$ 为其中任意一类帧序列，m 为该类所包含的帧的个数，其代表帧为 f_r，则各帧距为

$$d_{rl}=\left\|f_l-(f_r\cdot R_{rl}+t_{rl})\right\|+\lambda\,|\,t_r-t_l\,|,\quad l\in(k_1,k_2,\cdots,k_3) \tag{3.8}$$

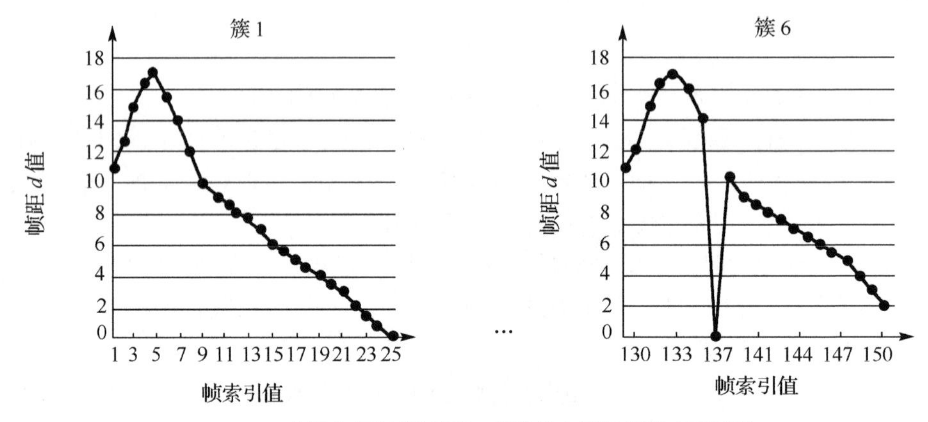

(a) 分段方式为平均聚类，部分类内帧距d值分布示意图

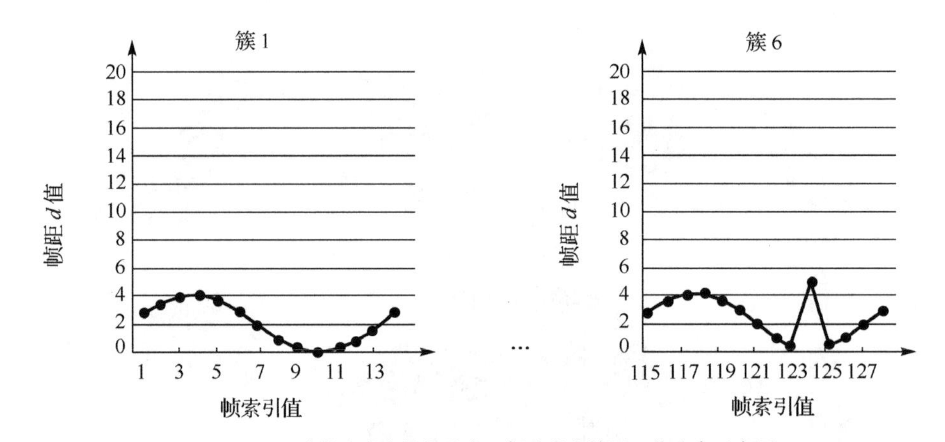

(b) 分段方式为优化聚类，部分类内帧距 d 值分布示意图

图 3.2　不同的分段方式时，部分类内帧距 d 值分布示意图

在图 3.2 中，帧距为 0 的帧为代表帧。从纵轴的数值范围可看出，当分段方式为平均聚类时，帧距范围值在 0～18，而当分段方式为优化聚类时，帧距范围仅在 0～5，明显低于图 3.2(a) 中的帧距值，表明优化聚类方式得到的聚类结果更优。

接下来采用另一种可视化方式对聚类结果进行分析。均以第一类 $C_1=(f_{11},f_{12},\cdots,f_{1m})$ 为例，计算该类代表帧到类内其他各帧中，每个相对应顶点的距离值，表示为能量值进行可视化。其中代表帧处以自身各点的 2-范数值作为其能量值。显示时，颜色由左到右表示能量值由小到大。

在平均聚类的聚类模式下，实验中得到的第一类内所包含的帧序列为第 1～11 帧。分别选取第 1、2、5、10、11 帧进行能量值可视化，其中第 5 帧为代表帧，如

图 3.3(a)所示。可以看出帧模型在 0.08～0.1 的值较多，说明点距普遍较大，聚类结果不明显。

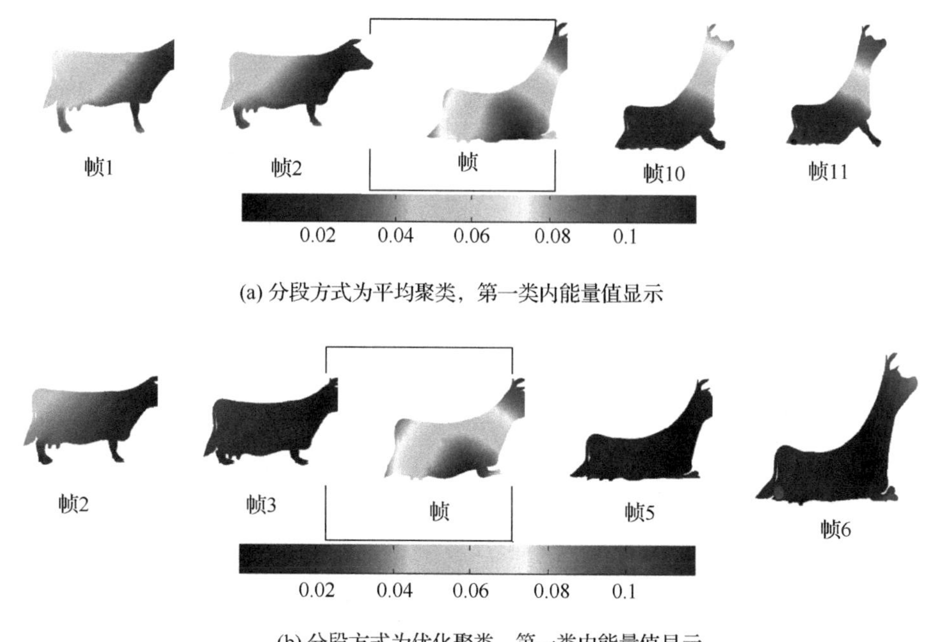

(a) 分段方式为平均聚类，第一类内能量值显示

(b) 分段方式为优化聚类，第一类内能量值显示

图 3.3　不同聚类方式得到的第一类部分帧能量值显示图

在优化聚类的聚类模式下，得到的第一类内所包含的帧序列为第 1～6 帧。分别选取第 2～6 帧进行距离值可视化，其中第 4 帧为代表帧，如图 3.3(b)所示。从图中可看出，得到的第一类各帧模型在 0～0.04 的值较多，且较为均匀，说明代表帧与该类其他帧的点距较小，更为接近。

综上可知，本节提出的优化聚类方式所得到的聚类结果中，代表帧与类内其他帧更接近，帧距数值也将会更小，表明聚类结果和计算得到的代表帧将更准确。

小　　结

在对动画网格序列进行压缩前，首先需要对全部的帧序列执行聚类预处理，使相似的网格帧聚集到一起成为一类，以消除网格序列在时间上的相关性。因此本节将全部的帧序列看作一组数据执行类 K-means 聚类算法，使相似的网格帧聚集为一类。在找到各类代表帧后，可以通过对代表帧的传输实现网格动画的渐进传输。

本节在确定帧与帧之间顶点矩阵的变换矩阵时，虽然通过 ICP 算法得到的变换矩阵匹配得比较准确，但是耗时多、效率低，因此下一步考虑利用优化的 ICP 算法或对三维网格数据进行匹配，从而减少运行时间。

总之，本节主要详细介绍了一种改进后的帧聚类算法，对帧间相似度重新进行了定义，从而保证各类所含的帧索引连续，并基于该算法进行了一系列的实验，对不同参数和不同聚类方式设置下的实验结果进行了讨论分析。

3.2　基于谱图小波的网格动画压缩算法

随着网络多媒体技术的发展，数字信息越来越易于存储和传输，通信数字化成为大势所趋。但有时数字信息的数据量过于庞大，给有限的内存容量和网络带宽带来负担，因此必须对数字信息量化编码进行压缩，即用尽可能少的比特数来表示原信息，才能保持数字信息在传输和存储方面的优势。

结合前面得到的帧聚类结果，本节将尝试采用两种完全不同的方法(基于网格残差和基于改进后的轨迹 PCA)来得到定义在网格顶点上的信号，并对这两种信号分别进行谱小波变换，然后对各坐标分量的小波系数利用改进后的 SPECK 编码算法压缩编码，最后对这两种结果进行比较分析。

3.2.1　网格信号定义

1. 基于网格残差

对于前面得到的帧聚类结果，首先尝试采用基于坐标值预测差和谱小波的方法对数据进行压缩，即逐类计算该类剩余各帧经过旋转和平移后与其代表帧顶点矩阵的差值，同时代表帧处保留原坐标数据，将这些差值看作定义在网格顶点上的信号，构造网格谱小波变换。

设原始网格序列 $M=(M_1,M_2,\cdots,M_F)$，其中 M_i（$i\in[1,F]$）是一个 $3\times N$ 的矩阵，表示其中任意一帧网格模型的顶点坐标矩阵，即

$$M_i=\begin{bmatrix} {}_x v_1^i & {}_x v_2^i & \cdots & {}_x v_N^i \\ {}_y v_1^i & {}_y v_2^i & \cdots & {}_y v_N^i \\ {}_z v_1^i & {}_z v_2^i & \cdots & {}_z v_N^i \end{bmatrix} \tag{3.9}$$

对原始网格序列执行前面描述的帧聚类算法后，得到的聚类结果可表示为 $C=(C_1,C_2,\cdots,C_K)$，$K<F$。其中 $C_k(M_{k1},M_{k2},\cdots,M_{km})$（$k\in[1,K]$）表示同一类所含帧序列，$m$ 为该序列所包含的帧的个数，则原始网格序列可表示为

$$M=\{(M_{11},M_{12},\cdots,M_{1m_1}),(M_{21},M_{22},\cdots,M_{2m_2}),\cdots,(M_{K1},M_{K2},\cdots,M_{Km_K})\} \tag{3.10}$$

此外，设选取的各类关键帧序列为 $(V_{c1},V_{c2},\cdots,V_{cK})$，其中 V_i（$i\in[1,F]$）是一个 $3\times N$ 的顶点坐标矩阵，则各类关键帧与类内其他帧的差值矩阵序列为

$$\begin{aligned}\mathrm{DM}=(\mathrm{DM}_1,\mathrm{DM}_2,\cdots,\mathrm{DM}_F)=&(M_{11}-M_{c1},M_{12}-M_{c1},\cdots,M_{1m_1}-M_{c1})\\ &,\cdots,(M_{K1}-M_{cK},M_{K2}-M_{cK},\cdots,M_{Km_K}-M_{cK})\end{aligned} \tag{3.11}$$

为了便于重构，定义最终的差值矩阵 $\mathrm{Diff\_mesh}=(D_1,D_2,\cdots,D_F)$：

$$D_i=\begin{cases} M_i, & D_i=\mathrm{zeros}(3,N) \\ \mathrm{DM}_i, & \text{其他} \end{cases},\ i\in(1,2,\cdots,F) \tag{3.12}$$

由上文可知，最后得到的 Diff_mesh 是一个含有 F 个 $3\times N$ 的矩阵的元胞数组，即

$\text{cell}(1,F)$，其中 F 为帧数。由于同一个聚类中的所有帧网格坐标差值很小，因此该数组大部分元素值接近于 0，从而在下一步经过网格谱小波变换后，压缩效果更为明显。

2. 基于改进后的轨迹 PCA

在对所有帧序列执行聚类后，由于前后帧网格变化非常小，因此帧序列在时间维度上存在大量的相关性，下一步将逐类采用轨迹 PCA 分解聚类后的网络。

如前面所述，原始网格序列可表示为

$$\begin{aligned} M &= (M_1, M_2, \cdots, M_F) = (C_1, C_2, \cdots, C_K) \\ &= \{(M_{11}, M_{12}, \cdots, M_{1m_1}), (M_{21}, M_{22}, \cdots, M_{2m_2}), \cdots, (M_{K1}, M_{K2}, \cdots, M_{Km_K})\} \end{aligned} \tag{3.13}$$

式中，$C_k(M_{k1}, M_{k2}, \cdots, M_{km})$（$k \in [1,K]$）表示任意一类所包含的帧序列；$m$ 为该序列所包含的帧的个数。下面均以 C_k 为例进行分析。

需要注意的是，考虑到不同动画模型的运动方式各有特点，导致运动时方向无法确定，因而在 x, y, z 方向上的位移差会有较大的不同，为了进一步提升压缩效果，现对已有的轨迹 PCA 算法进行部分改进。

改进后的算法步骤如下所述：先求所有顶点的轨迹的中心点，得到一个 $3\times m$ 的中心矩阵；已知 $C_k(M_{k1}, M_{k2}, \cdots, M_{km})$（$k \in [1,K]$）表示任意一类所包含的帧序列，$m$ 为该序列所包含的帧的个数，其中

$$M_k = \begin{bmatrix} {}_x v_1^k & \cdots & {}_x v_N^k \\ {}_y v_1^k & \cdots & {}_y v_N^k \\ {}_z v_1^k & \cdots & {}_z v_N^k \end{bmatrix} \tag{3.14}$$

表示第 k 个网格的顶点坐标矩阵，计算每个顶点的轨迹中心点，即

$$\begin{cases} {}_x p_i = \left(\sum\limits_{k=k1}^{km} {}_x v_i^k \right) / m \\ {}_y p_i = \left(\sum\limits_{k=k1}^{km} {}_y v_i^k \right) / m, \quad i \in (1, 2, \cdots, N) \\ {}_z p_i = \left(\sum\limits_{k=k1}^{km} {}_z v_i^k \right) / m \end{cases} \tag{3.15}$$

最后得到中心点坐标矩阵为

$$P_k = \begin{bmatrix} {}_x p_1 & \cdots & {}_x p_N \\ {}_y p_1 & \cdots & {}_y p_N \\ {}_z p_1 & \cdots & {}_z p_N \end{bmatrix} \tag{3.16}$$

对上述中心点矩阵进行 PCA 分解，将会得到一个 3×3 的矩阵 U。将其作为变换矩阵，对所有顶点进行坐标变换后得到新的顶点坐标，即

$$M_k' = U_k \cdot M_k \tag{3.17}$$

构造顶点轨迹矩阵，将所有顶点在该类的 x, y, z 方向的运动轨迹分离出来，得到 3 个 $m\times N$ 的矩阵，每一列数据表示一个顶点在该类中的坐标轨迹，分别为

$$
\begin{cases}
{}_xT_k = ({}_xt_1, {}_xt_2, \cdots, {}_xt_N) = \begin{pmatrix} {}_xM_{k1} \\ {}_xM_{k2} \\ \vdots \\ {}_xM_{km} \end{pmatrix} = \begin{bmatrix} {}_xv_1^{k1} & \cdots & {}_xv_N^{k1} \\ \vdots & & \vdots \\ {}_xv_1^{km} & \cdots & {}_xv_N^{km} \end{bmatrix} \\
{}_yT_k = ({}_yt_1, {}_yt_2, \cdots, {}_yt_N) = \begin{pmatrix} {}_yM_{k1} \\ {}_yM_{k2} \\ \vdots \\ {}_yM_{km} \end{pmatrix} = \begin{bmatrix} {}_yv_1^{k1} & \cdots & {}_yv_N^{k1} \\ \vdots & & \vdots \\ {}_yv_1^{km} & \cdots & {}_yv_N^{km} \end{bmatrix} \\
{}_zT_k = ({}_zt_1, {}_zt_2, \cdots, {}_zt_N) = \begin{pmatrix} {}_zM_{k1} \\ {}_zM_{k2} \\ \vdots \\ {}_zM_{km} \end{pmatrix} = \begin{bmatrix} {}_zv_1^{k1} & \cdots & {}_zv_N^{k1} \\ \vdots & & \vdots \\ {}_zv_1^{km} & \cdots & {}_zv_N^{km} \end{bmatrix}
\end{cases}
\tag{3.18}
$$

对上述三个矩阵执行 PCA 分解，并对得到的 PCA 系数进行合并。

以 ${}_xT_k$ 为例，分析轨迹 PCA 的具体算法流程如下。

(1) 将一个顶点的运动轨迹作为一个样本，对所有样本求均值 t，得到

$$
{}_xt = ({}_xt_1 + {}_xt_2 + \cdots + {}_xt_N) / N \tag{3.19}
$$

(2) 将所有的样本顶点轨迹减去这个样本平均值，得到新的矩阵：

$$
{}_xT'_k = {}_xT_k - \text{repmat}({}_xt_i, 1, N) \tag{3.20}
$$

(3) 对上述矩阵的自相关矩阵进行特征分解，得到一组特征向量，即 ${}_xE = ({}_xe_1, {}_xe_2, \cdots, {}_xe_N)$。将 ${}_xE$ 作为该轨迹空间的一组基，这样便可利用另一组新的系数来表示该轨迹空间。

(4) 将所有的特征向量，根据其相应的特征值大小进行排序。由于特征值越大，表明其对应的特征向量的重要性越大，因此只需选取最大的也就是最重要的 x 个特征向量 $e_1, e_2, \cdots, e_x$, $x < m$ 作为一组基，这样便可以用较少的映射在这组基上的系数来表示该空间，从而达到降维的目的。

令 ${}_xB = (e_1, e_2, \cdots, e_x)$, $x < m$，则第 i 个顶点降维后的 x 轴方向的运动轨迹向量可通过系数 ${}_xs_i = {}_xB({}_xt_i - {}_xt) \in \mathbb{R}^x$ 来表示。由于该类帧数据具有极大的相似性，因此可选取的 x 值可远小于帧数。

由上述可知，最终需要编码传输的数据有特征矩阵 B 、降维后的轨迹向量 s_i 和平均轨迹向量 t 。设 $\overline{B}$ 、$\overline{s_i}$ 和 $\overline{t}$ 分别表示对应的终端解码得到的数据，则重构得到的第 i 个顶点的完整轨迹向量为 $\overline{t_i} = \overline{B}^{\mathrm{T}} \cdot \overline{s_i} + \overline{t}$ 。

此外，在选择编码方案时，由于特征矩阵 B 和平均轨迹向量 t 的数据量较小，因此采用一般的算术编码进行编码，另外对于降维后的系数，将其看作定义在每个顶点上的信号，进行下一步的谱小波压缩。

3.2.2　谱图小波变换

由于小波变换在信号处理领域中应用较为成熟，且在数据压缩领域取得了巨大的成

功，因此本节提出一种直接定义在图上的谱小波变换，用于对网格模型进行压缩。在对前面得到的顶点网格信号进行谱小波变换前，先介绍下谱图理论的基本概念。

1. 谱图理论基础

首先给定一个带权图 $G=\{V,E,W\}$，其中 V、E、W 分别表示图的顶点集合、边集合和边上的权值集合。设顶点的个数 $|V|=N<\infty$，则图的邻接矩阵定义为

$$A=(w_{ij})_{i,j\in V} \tag{3.21}$$

$D=\mathrm{diag}(d_i)$ 是对角元素为各顶点的度的对角矩阵，即

$$\left(d_i=\sum_{j=1}^{N}w_{ij}\right) \tag{3.22}$$

定义图的拉普拉斯(Lapalacian)算子 $L=D-A$，规范化的拉普拉斯算子为

$$\tilde{L}=D^{-1/2}LD^{-1/2} \tag{3.23}$$

对于算子矩阵 L，其分解形式为 $L\chi_l=\lambda_l\chi_l$，$l=1,2,\cdots,N$。由于 L 为实对称矩阵，因此其特征值为实数，特征向量相互正交，且特征值 0 的重数等于图的连通分量个数，因此若为连通图，则满足 $0=\lambda_1<\lambda_2\leqslant\lambda\leqslant\cdots\leqslant\lambda_N$。于是，定义图上的傅里叶变换为

$$\hat{f}(\ell)=\langle\chi_\ell,f\rangle=\sum_{n=1}^{N}\chi_\ell^*(n)f(n) \tag{3.24}$$

相应地，图的傅里叶逆变换定义为

$$f=\sum_{\ell=1}^{N}\hat{f}(\ell)\chi_\ell \tag{3.25}$$

2. 经典小波变换

连续小波变换的定义为

$$W_f(s,t)=\langle\psi_{s,t},f\rangle=\int_{-\infty}^{\infty}\frac{1}{s}\psi^*\left(\frac{x-t}{s}\right)f(x)\mathrm{d}x \tag{3.26}$$

式中，ψ 为小波母函数；$\psi_{s,t}(x)=\frac{1}{s}\psi\left(\frac{x-t}{s}\right)$。

记 $\bar{\psi}_s(x)=\frac{1}{s}\psi^*\left(\frac{-x}{s}\right)$，$T^sf(t)=W_f(s,t)$，则有 $(T^sf)(t)=(f*\bar{\psi}_s)(t)$，从而有 $\widehat{T^sf}(w)=\hat{f}(w)\widehat{\bar{\psi}_s}(w)=\hat{f}(w)\hat{\psi}^*(sw)$，然后根据傅里叶逆变换得到

$$(T^sf)(t)=\frac{1}{2\pi}\int_{-\infty}^{\infty}\hat{f}(w)\hat{\psi}^*(sw)\mathrm{e}^{\mathrm{i}wt}\mathrm{d}w \tag{3.27}$$

由式(3.27)可见，给定尺度 s 的小波变换 T^sf 可视为频域上对 f 进行滤波 $\hat{\psi}^*(sw)$，且尺度 s 仅对频率进行缩放。

3. 谱图小波变换

类似于图的傅里叶变换，我们在图上定义小波变换。为了定义图上的小波变换，关键是确定式中 $\hat{\psi}^*(sw)$ 的匹配对象。选择一个小波核函数 g，满足 $g(0)=0$，$\lim\limits_{x\to\infty} g(x)=0$，使 $g(sw)$ 对应于 $\hat{\psi}^*(sw)$，得到式(3.28)：

$$T_g^s f=\sum_{\ell=1}^{N} g(s\lambda_\ell)\hat{f}(\ell)\chi_\ell \tag{3.28}$$

根据式(3.28)容易验证，谱图小波算子为 $T_g^s=g(sL):\mathbb{R}^N\to\mathbb{R}^N$。

此外，为了稳定地恢复信号的低频内容，选择一个低通滤波核函数 h，满足 $h(0)=0,\ \lim\limits_{x\to\infty} h(x)=0$。与谱图小波函数的定义类似，定义图上的尺度函数为 $\phi_m=T_h\delta_m=h(L)\delta_m$。于是，信号 f 相应的谱图尺度系数为 $S_f(m)=\langle\phi_m,f\rangle$。

4. 三维网格的谱小波变换

就拓扑信息而言，上述谱图小波理论完全适用于三维网格模型。

设 $f:V\to\mathbb{R}$ 为定义在三维网格顶点上的函数(信号)，将三维网格的谱小波变换定义为

$$W_f(s,m)=\langle\psi_{s,m},f\rangle=(T_g^s f)(m)=\sum_{\ell=1}^{N} g(s\lambda_\ell)\hat{f}(\ell)\chi_\ell(m) \tag{3.29}$$

相应的低频逼近系数为

$$S_f(m)=\langle\phi_m,f\rangle=(T_h f)(m)=\sum_{\ell=1}^{N} h(\lambda_\ell)\hat{f}(\ell)\chi_\ell(m) \tag{3.30}$$

显然，三维网格的谱小波系数计算依赖于连续的尺度参数。在实际应用中，通过离散化尺度参数 J 来完成离散化。假设选取 J 个尺度 $\{s_j\}_{j=1}^J$ 生成 NJ 个小波函数 $\psi_{s_j,m}$，加上 N 个尺度函数 ϕ_m，共 $N(J+1)$ 个函数，构成网格信号空间框架。其中，函数集 $\{\phi_m\}_{m=1}^N\cup\{\psi_{s_j,m}\}_{j=1,m=1}^{J\ \ N}$ 组成一个框架，框架的上、下分别界为 A、B。其中，$A=\min\limits_{\lambda\in[0,\lambda_N]} G(\lambda)$，$B=\max\limits_{\lambda\in[0,\lambda_N]} G(\lambda)$，$G(\lambda)=h^2(\lambda)+\sum_{j=1}^{J} g^2(s_j\lambda)$。

因此，合并所有的小波变换，定义框架算子为 $W:\mathbb{R}^N\to\mathbb{R}^{N(J+1)}$，将信号 f 映射成框架系数，即

$$c=Wf=(c_0^{\mathrm{T}},c_1^{\mathrm{T}},\cdots,c_J^{\mathrm{T}})^{\mathrm{T}} \tag{3.31}$$

式中，$c_0=T_h f$ 是尺度系数；$c_j=T_g^J f$，$1\leqslant j\leqslant J$ 是尺度为 s_j 的小波系数。

为了通过逼近系数和小波系数重构信号，自然的选择是使用伪逆算子 $W^+\triangleq(W^*W)^{-1}W^*$，本节采用共轭梯度方法计算 $(W^*W)^{-1}$，而采用快速切比雪夫多项式逼近方法计算 W^*W 和 W^*。

接下来，首先把上面得到的网格残差 Diff _ mesh 和 PCA 系数分布看作定义于三维网格顶点上的 N 维信号，利用前面的网格谱小波变换理论，对该信号进行谱小波变换。

以奶牛模型为例，可通过其拓扑信息得到邻接矩阵 A 和拉普拉斯矩阵 L，然后令尺度参数 Nscales = 4（用户根据模型自定义），采用快速切比雪夫多项式逼近来设计小波核函数，将其应用到网格顶点信号，即得到的网格残差 Diff _ mesh 和 PCA 系数，最后得到各自的谱小波变换系数。

5. 谱小波系数可视化分析

以网格动画女为例，其帧数 $F = 204$，设置类数 num_clusters = 6，首先执行帧聚类算法，得到聚类结果。下面进行谱小波变换，对得到的谱小波系数进行可视化分析。

1) 网格残差矩阵 Diff_mesh 的谱小波变换

为了便于比较并对变换结果有一个更清晰明了的认识，这里选取网格动画奶牛序列的第一类中的第一帧数据进行分析。首先将顶点(vertex)坐标看作定义在顶点的信号，设置 Nscales = 4，对其进行谱小波变换，得到顶点坐标的谱小波系数如图 3.4 所示。

如图 3.4 所示，第一行分别为模型奶牛的 x, y, z 坐标分量执行谱小波系数后的尺度系数分布图，其整体数值范围为[−0.1047，0.1298]，第二行是模型奶牛的 x, y, z 坐标分量执行谱小波系数后的第三层小波系数值的分布图，其整体数值范围为[−0.0028，0.0022]，远小于尺度系数值，且绝大多数分布在 0 值附近。

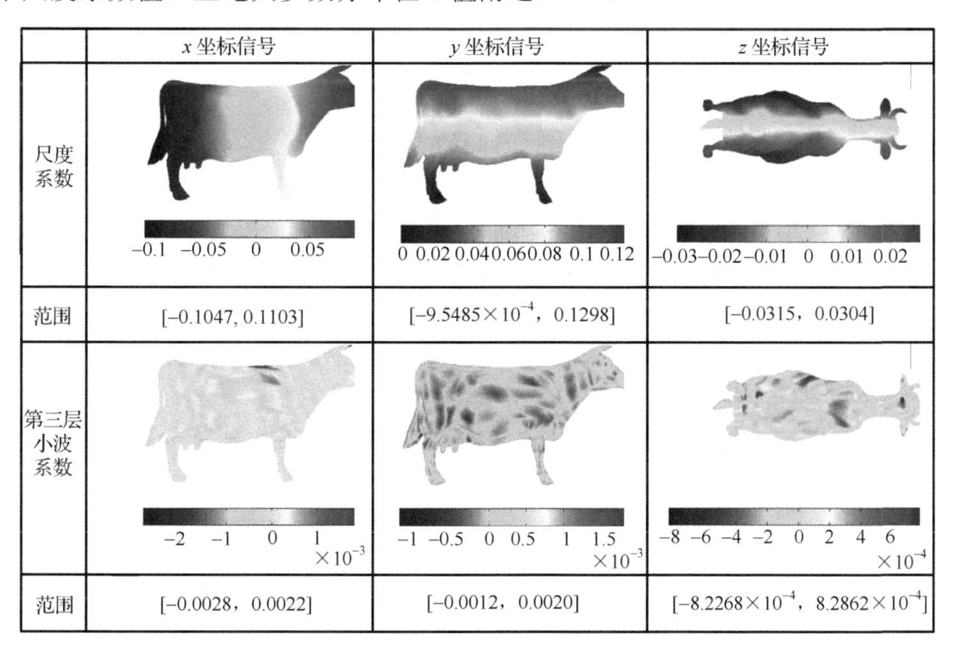

图 3.4　网格模型牛的顶点坐标分量的尺度系数与小波系数

下面同样设置 Nscales = 4，将 Diff _ mesh 上的每个元素值看作其对应顶点上的信号进行谱小波变换，对得到的谱小波系数进行可视化显示。结果见图 3.5，第一行分别为模型奶牛的坐标差值的 x, y, z 分量执行谱小波系数后的尺度系数分布图，其整体数值范围为[−0.0186，0.0843]，第二行为模型奶牛的 x, y, z 坐标分量执行谱小波系数后的第三层小波系数值的分布图，其整体数值范围为[−0.0017，0.0012]，同样远小于尺度系数值。

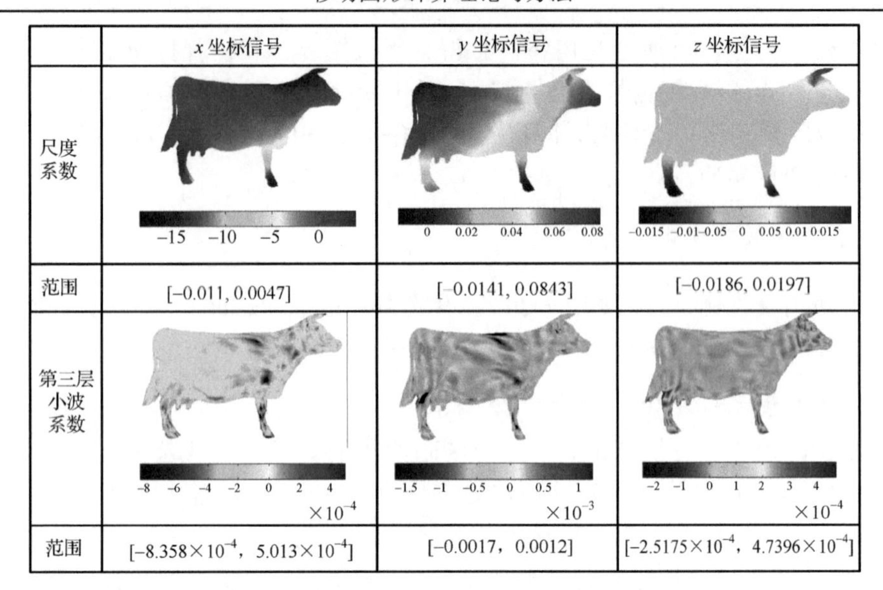

	x 坐标信号	y 坐标信号	z 坐标信号
尺度系数	−15　−10　−5　0	0　0.02　0.04　0.06　0.08	−0.015　−0.01−0.05　0　0.05　0.01　0.015
范围	[−0.011, 0.0047]	[−0.0141, 0.0843]	[−0.0186, 0.0197]
第三层小波系数	−8　−6　−4　−2　0　2　4　$\times10^{-4}$	−1.5　−1　−0.5　0　0.5　1　$\times10^{-3}$	−2　−1　0　1　2　3　4　$\times10^{-4}$
范围	[-8.358×10^{-4}，5.013×10^{-4}]	[−0.0017，0.0012]	[-2.5175×10^{-4}，4.7396×10^{-4}]

图 3.5　网格模型牛的顶点 Diff _mesh 分量的尺度系数与小波系数

此外，通过对比图 3.4 与图 3.5，发现针对 Diff _mesh 的谱小波系数，其尺度系数与小波系数不仅均小于直接针对顶点坐标的谱小波系数，且在 0 值附近的分布更为均匀，这将更能提升编码效率。

2) PCA 系数的谱小波系数

对聚类结果逐类构造顶点轨迹矩阵并进行基于轨迹的主成分分析(trajectory-based PCA)分解。

以第 1 类 $C_1(f_1, f_2, \cdots, f_{24})$ 数据为例进行分析：该类共有 24 帧网格数据，首先构造一个 72×2904 的顶点轨迹矩阵进行轨迹 PCA 分解后，得到一个 72×72 的特征矩阵。令 $m=7$，得到一组 PCA 系数。将其作为定义在顶点网格上的信号，设置 Nscales = 4，进行网格谱小波变换，得到一组谱小波系数。下面同样分别选取该类的第一帧中 x, y, z 信号的第三层小波系数值在折线图中进行表示。

如图 3.6 所示，可见第一帧中信号的 x, y, z 第三层小波系数值都分布在 0 值附近，且分布较为均匀，这将更能提升编码效率。

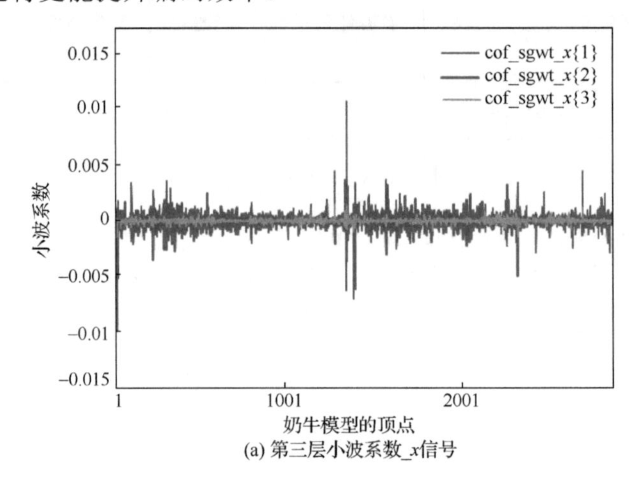

(a) 第三层小波系数_x信号

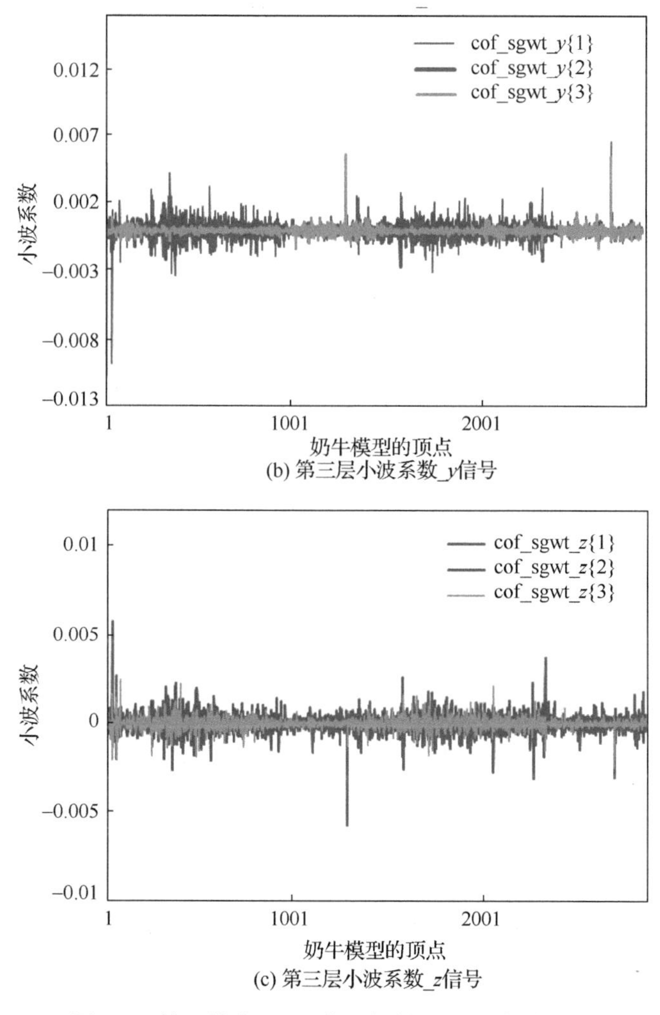

(b) 第三层小波系数_y信号

(c) 第三层小波系数_z信号

图 3.6 第一帧中 x, y, z 信号的第三层小波系数值

3.2.3 针对谱小波系数的 SPECK 编码算法

在完成对各组网格顶点的信号独立进行谱小波变换后，得到多个一维的小波系数向量。由前面对小波系数的分析可知，在小波系数中存在许多不重要的系数，具有能量聚集性以及能量随尺度增加而衰减的特性，而基于块集合划分思想的集合分列嵌入式块编码(set partition embedded block coder，SPECK)算法(Karni and Gotsman，2004)是一种针对小波系数的编码算法，它充分利用小波系数的这些特性进行压缩，所以具有较高的压缩性能。

因此，为了消除分量系数之间的冗余性，本节使用改进后的 SPECK 算法(Bayazit et al.，2010)进行位平面编码，具体算法为编码时将所有分量系数平面视为一个整体，对各个分量进行交叉位平面编码，生成一个混合的位流。

设 $c_{j,m}^{\theta}$ 表示坐标分量 $\theta \in \{x, y, z\}$ 在尺度 s_j 下的第 m 个谱小波变换系数。算法的实现过程中，采用逐次逼近量化，定义了非重要集合链表(LIS)和重要系数链表(LSC)两个链表。具体描述如下。

1) 算法初始化

计算 $k_{\max}=\left\lfloor \log_2\left(\max_{0\leqslant j\leqslant J,1\leqslant m\leqslant N}^{\theta\in\{x,y,z\}}\{c_{j,m}^{\theta}\}\right)\right\rfloor$，将每个坐标分量的变换系数 c^{θ} 分成两个集合：根集合 $S=c_0^{\theta}$ 和剩余集合 $I=((c_1^{\theta})^{\mathrm{T}},\cdots,(c_J^{\theta})^{\mathrm{T}})^{\mathrm{T}}$。置 LSC 为空表，并将 S 放入 LIS 中。

2) 分类扫描过程

按 $|S|$ 大小升序排列集合 S，对每个 $S\subset\mathrm{LIS}$ 执行子过程 ProcessS(S)，如果 $I\neq\varnothing$，执行子过程 ProcessI(I)。

3) 精细扫描过程

对上次分类扫描过程中已是显著的系数，输出该系数的第 k 个显著位量化步长更新。

如果位平面索引 $k>0$，$k=k-1$，返回第 2) 步；否则停止。

其中，各个子过程描述如下。

ProcessS(S)：

输出集合 S 的第 k 个显著位 $B_k(S)$；

如果 $B_k(S)=1$；

如果 S 是单个系数，输出系数的符号位，然后放入 LSC 中；

否则执行子过程 CodeS(S)；

如果 $S\in\mathrm{LIS}$，从 LIS 中删除 S；

如果 $B_k(S)=0$；

如果 $S\in\mathrm{LIS}$，把 S 放入 LIS 中。

CodeS(S)：

将 S 分裂成 S_1、S_2，其中 $|S_1|=\lfloor|S|/2\rfloor$，$|S_2|=\lceil|S|/2\rceil$；

对集合 $S_i(i=1,2)$，

输出集合 S_i 的第 k 个显著位 $B_k(S_i)$；

如果 $B_k(S_i)=1$，

如果 S_i 是单个系数，输出系数的符号位，然后放入 LSC 中；

否则执行子过程 CodeS(S_i)；

如果 $B_k(S_i)=0$，把 S_i 放入 LIS 中。

ProcessI(I)：

输出集合 I 的第 k 个显著位 $B_k(I)$；

如果 $B_k(I)=1$；

执行子过程 CodeI(I)。

CodeI(I)：

将 I 分裂成 S^* 和 I^*，其中 $|S^*|=|S|$，$|I^*|=|I|-|S^*|$；

对集合 S^*，执行子过程 ProcessS(S^*)；

对集合 I^*，执行子过程 ProcessI(I^*)。

3.2.4 实验结果与分析

前面基于谱图理论和经典小波压缩理论，提出了直接定义在图上的谱图小波变换。在小波正交基下分解信号，得到谱小波分解系数，然后对谱小波系数进行量化，最后对量化后的系数利用 SPECK 算法编码后进行传输，从而实现压缩网格模型的目的。

对该算法进行整体分析可知，算法中全部可变参数有：执行帧聚类时所选择的聚类个数 num_clusters，执行轨迹 PCA 降维时所选择的各类重要向量个数 m，谱小波变换时设置的小波层数 Nscales 以及在进行 SPECK 编码时所设置的位平面个数 sm 和量化位数 q。其中对于聚类个数和重要向量的个数 m，通过多次实验得到最优值。至于小波层数，均设置 Nscales = 4。此外，在测试 SPECK 编码时采用不同位平面个数和量化位数时，发现位平面个数对压缩结果的影响更大，而当量化位数在 6～12 的范围内取值时，压缩数据的变化不是很明显。因此下面以 sm 值作为变量，来得到不同的相关压缩数据量和压缩比。下面对本节提出的压缩算法进行测试。

1. *网格动画模型数据*

在进行算法测试时，选择对经典网格动画模型牛、舞者、蛇、鸡、衣服等进行压缩。

首先表 3.1 分别列出了上述模型的顶点数、面数、帧数以及拓扑信息和几何信息等各种数据。表 3.2 则列出了得到的压缩后数据量以及与原数据的压缩比。同时，表 3.2 对网格残差和降维后的轨迹 PCA 系数这两种不同的信号定义方式进行谱小波压缩最后得到的结果进行了对比。

表 3.2 中的数据显示，本节提出的压缩算法在一定程度上减少了数据量，证明了本节提出的谱小波压缩方案的可行性。而且从表 3.2 中还可以发现，提出的对 PCA 系数进行谱小波压缩的压缩效果更为明显，证明了本节提出的改进的轨迹 PCA 降维能起到进一步压缩数据的作用。

表 3.1　实验测试模型数据表

模型名	牛	舞者	鸡	蛇	衣服
顶点数	2904	7061	3030	9179	9987
面数	5804	14118	5664	18354	19494
帧数	204	201	400	34	200
拓扑信息/KB	12724	30222	19064	25740	32270
几何信息/KB	21	48	22	71	61

表 3.2　各模型压缩数据表

模型名	sm	Diff_mesh		轨迹 PCA	
		压缩后	压缩比	压缩后	压缩比
牛 (12818 KB)	4	146	1:87.7	65	1:196.9
	6	289	1:44.3	145	1:88.2
	8	361	1:35.4	224	1:57.2
舞者 (30370 KB)	4	173	1:175.3	86	1:350.6
	6	346	1:87.6	259	1:116.8
	8	455	1:66.7	398	1:76.2

续表

模型名	sm	Diff_mesh		轨迹 PCA	
		压缩后	压缩比	压缩后	压缩比
蛇 (25902 KB)	4	225	1:98.6	285	1:90
	6	285	1:89	187	1:138.1
	8	345	1:75	120	1:215.6
鸡 (19086 KB)	4	118	1:157.9	81	1:228.4
	6	150	1:123.5	88	1:209.6
	8	221	1:83.6	147	125.9
衣服 (32331 KB)	4	292	1:110.5	219	1:147.3
	6	463	1:69.7	390	1:82.8
	8	682	1:47.3	560	1:57.6

2. KG_{error}误差衡量

在对压缩后的结果与原模型进行失真率评估时，通常采用基于顶点坐标的误差度量标准，如均方值和 KG_{error}。KG_{error} 定义式如下：

$$KG_{error} = 100 \times \frac{\|A - A'\|}{\|A - E(A)\|}\% \tag{3.32}$$

式中，A 为原始网格动画的 $3N \times F$ 的坐标信息矩阵，其中 N 为顶点个数，F 为帧数：每一列代表某一帧模型所有顶点的坐标数据，A' 为最后恢复得到的动画数据，维数与 A 相同。为平均矩阵，该矩阵每一列数据分别表示每帧所有顶点 x, y, z 坐标的平均值。

此外，对于压缩后的数据量的评估，同样采用比特率(bitrate) R，即每帧每个顶点所占的比特数(bits per frame and vertex，BPFV)：

$$R = \frac{M(\text{bit})}{N \cdot F} \tag{3.33}$$

式中，M 表示压缩后的总数据量为 M bit；N 表示模型顶点个数；F 表示网格动画的帧数。

3. 相关算法比较分析

利用上述比特率 R 和重构误差 KG_{error} 的定义式，可以计算出每个模型在不同的 sm 值下所计算得到的不同的 KG_{error} 值和 R 值，从而绘制出一条 RD 曲线。在对奶牛和舞者模型进行压缩测试时，将前面提出的算法所得到的 RD 曲线，与 Libor 提出的 CODDYAC 算法以及优化网格遍历压缩算法所得到的 RD 曲线进行比较，分别如图 3.7(a)、(b)所示。而对于鸡模型，可将其 RD 曲线与 Rachida Amjoun 提出的 ORLPCA 算法进行比较，如图 3.7(c)所示。

在对牛动画进行压缩时，图 3.7(a)显示本节提出的算法相较于其他三种算法具有明显的改进效果。而在对舞者动画进行压缩时，图 3.7(b)显示本节提出的帧聚类后对网格残差进行谱小波压缩的算法性能略低于其他三种算法。

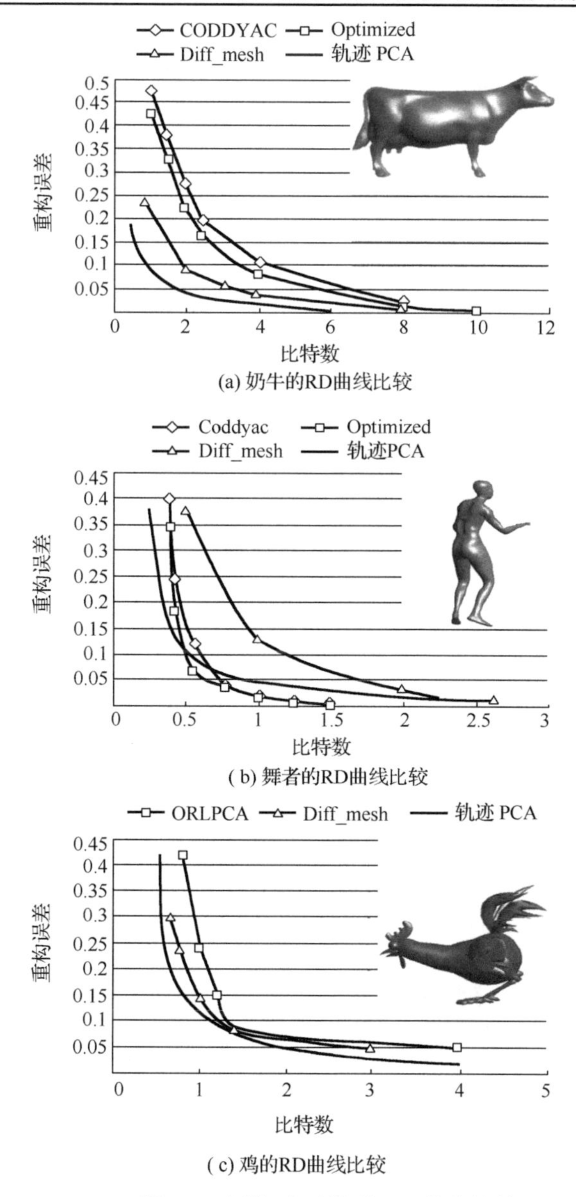

(a) 奶牛的RD曲线比较

(b) 舞者的RD曲线比较

(c) 鸡的RD曲线比较

图 3.7　网格动画模型 RD 曲线比较

在对鸡动画进行压缩时，图 3.7(c)显示本节提出的两种基于谱小波压缩的算法在一定程度上优于 Rachida Amjoun 提出的 ORLPCA 算法。

综上所述，本节提出的压缩算法在对几个经典模型进行完整测试后，均取得了较好的压缩比。且与已有算法进行对比，在减少占用内存空间和重构误差方面都有了一定的改进。

4. 其他分析

在实验中测试发现，利用 KG_{error} 来衡量原模型与重构模型的误差值与实际中人眼感知到的误差不是很一致。例如，以第一帧网格模型为例，当使用不同的参数来进行量化编码并重构得到动画模型时，所有的模型如图 3.8 所示，其中，bit 为位平面数。

(a) 原模型

(b) 重构模型（Nscales = 3, bit = 8, sm = 6）

(c) 重构模型（Nscales = 5, bit = 8, sm = 6）

(d) 重构模型（Nscales = 5, bit = 6, sm = 8）

图 3.8　不同参数设置重构的牛模型

因此 Váša 和 Skala 新提出一种用于动态网格压缩的与感知相关的误差衡量方案，即 STED(spatio temporal edge difference)。因此在后续研究中，将以 STED 误差作为网格动画压缩算法的性能评价标准。

小　结

对于前面得到的帧聚类结果，本节尝试分别采用基于坐标值预测差和基于轨迹 PCA 两种完全不同的方法来得到不同的定义在网格顶点上的信号，构造网格谱小波变换。最后对各坐标分量的小波系数利用 SPECK 编码算法进行压缩编码后，同时对这两种结果进行比较分析。

在执行帧聚类时聚类个数的设置以及在进行轨迹 PCA 降维时重要的特征向量个数的设置时，为了取得最优结果，通常需要经过多次重复实验，需要对这些过程做进一步优化，以提高效率。

3.3　非线性约束的整数规划时域聚类算法

三维网格序列动画是由一系列的静态网格组成的动态网格序列，又叫帧网格序列。由前面的分析可知，一段时间内帧与帧间的网格数据存在较大的相似性，从而存在大量的冗余信息。因此本节将提出对帧序列进行聚类，使相似的网格帧聚集到一起成为一类，为下一步消除时域冗余做准备。与传统的帧聚类算法相比，本节对帧间相似度进行了重新定义，保证各类所含的帧索引连续，从而可实现网格动画流式传输的效果。

3.3.1　时域聚类算法概述

由于网格动画在时间维度上存在大量的时域冗余，前人已提出不少算法，但采用时域聚类的算法很少。与已有许多聚类方法类似，我们考虑将相邻的顶点聚为一类。Luo 等(2013)将不同的帧网格根据相似性进行时域聚类，然后在每类内单独使用 PCA，其压缩效率很高。但是这种方法聚类的结果中类内包含的帧不连续，客户端需要等整个压缩文件下载到自己的机器才可以重构出动画模型，这样就违背了我们流式传输的初衷。

为了达到流式传输的效果，本节提出的时域聚类方法可使聚类结果中每类所包含的帧连续。本节采用数学上常用且高效的非线性规划的最优方法，由于时域聚类结果中每类包含的帧数必须为整数，所以综合考虑本节时域聚类的特点构造数学模型，将普通的时域聚类转化为非线性约束整数规划的最优解问题。即先假设时域聚为 K 类且每类包含 t_i 帧，其中 $i=1,2,\cdots,K$，关于 K 具体如何选定将在 3.4 节详细阐述。根据三维空间曲线上顶点曲率的物理意义，即反映该曲线在该点的弯曲程度，本节采用顶点的曲率和绕率代表其运动剧烈程度。这里采用差分的方法求取导数。这样便可得到每个顶点在每帧的曲率值，对于第 i 帧而言（其中 $i=1,2,\cdots,F$），可画出该帧的运动图，即横坐标为顶点索引，纵坐标则为对应顶点的模型的运动值。每帧的运动图与坐标轴所围成的面积即可近似表示为该帧模型的运动剧烈程度。同样可得到所有帧的运动图，相邻帧间的运动图与坐标轴所围成的面积越相近则说明模型在这两帧的运动剧烈程度越相似，也越应该聚为一类。

3.3.2　曲率和绕率的求取

由微分几何可知曲率和绕率完全决定了一条空间曲线的形状，曲率和绕率分别刻画空间曲线在一点附近的弯曲程度和离开密切平面的程度。所以本节选用曲率和绕率来衡量模型的运动。

对于曲率和绕率的求取，必须求出待求顶点在各帧上的一、二、三阶导数。而导数的求取正是本节略有创新的地方，即这里采用差分的方式来求取，即一、二、三阶导数分别由一、二、三阶差分近似代替。具体地，本节将待求曲率和绕率的顶点在所有帧中的坐标取出连成空间曲线，这里采用参数式方程表示。每帧该顶点的曲率为该帧在这条空间曲线上对应点的曲率，其中第 i 个顶点在所有帧中的坐标连成空间曲线 $\bar{r}_i$，其一阶导数 $\bar{r}_i'$ 由一阶差分确定，二阶导数 $\bar{r}_i''$ 由二阶差分确定。第 i 个顶点在每帧中的曲率 k_i 以及绕率 τ_i 具体求解公式如下：

$$k_i=\frac{\left\|\bar{r}_i'\times\bar{r}_i''\right\|}{\left\|\bar{r}_i'\right\|^3} \tag{3.34}$$

$$\tau_i=\frac{(\bar{r}_i',\bar{r}_i'',\bar{r}_i''')}{(\bar{r}_i'\times\bar{r}'')^2} \tag{3.35}$$

式中，$i=1,2,\cdots,N$，第 i 个顶点在某一帧的曲率和绕率即为空间曲线 $\bar{r}_i$ 在对应点上的曲率与绕率。

通过上述描述可以得出每个顶点在所有帧中的曲率和绕率，运动使用曲率和绕率的加权平均来衡量。由于这两种因素对于运动的衡量具有同样的作用，因此这里运动的衡量公式如下：

$$\mathrm{MR}=\beta\cdot k+(1-\beta)\cdot\tau \tag{3.36}$$

式中，k表示曲率；τ表示绕率；β为权重，这里β取值0.5，因为曲率和绕率占有同等重要的作用。

如图3.9所示的三维动画网格。图3.9(a)表示牛模型的拓扑结构，图3.9(b)表示其身上的一部分放大的拓扑。我们标记了10个顶点，相关的模型运动显示在表3.3中。从中可以看到，第2个顶点和第3个顶点的运动是非常相似的。为了验证这个猜想，画出第2、第3和第9个顶点的运动剧烈程度以及轨迹曲线。如图3.10所示，显然，实验结果与我们的猜想不谋而合。从图3.10(a)中可知，实线段和短画线段表示的运动很相似，并且实线段和圆点线段的运动相差很大。

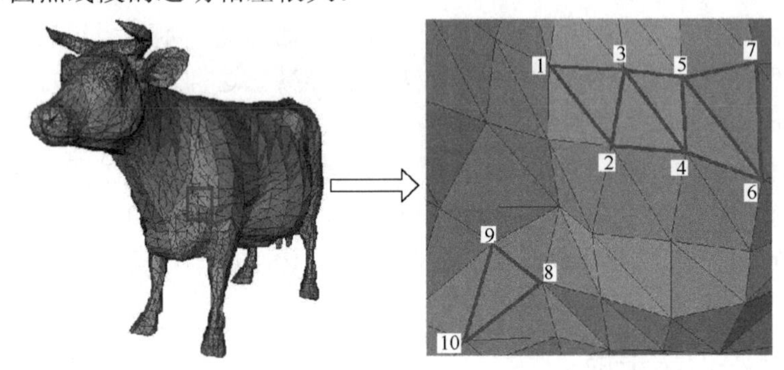

(a) 奶牛模型拓扑　　(b) 选中部分的拓扑

图3.9　牛模型拓扑和选中部分的拓扑

表3.3　10个顶点的运动剧烈程度

顶点索引	1	3	4	5
运动剧烈程度	58.01	60.05	60.75	58.64
顶点索引	6	8	9	10
运动剧烈程度	61.69	77.19	89.68	83.02

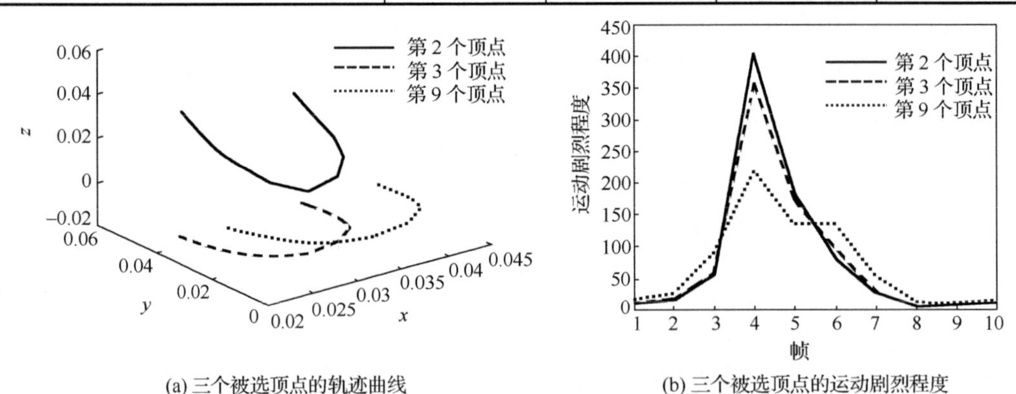

(a) 三个被选顶点的轨迹曲线　　(b) 三个被选顶点的运动剧烈程度

图3.10　牛模型的三个被选顶点在前十帧中的运动剧烈程度和轨迹曲线

3.3.3　非线性约束的整数规划的构造

前面已经求出了所有顶点在所有帧中的运动剧烈程度，这里将时域聚类转换成一个非线性约束的整数规划问题。具体的构造方法描述如下。

如果相邻的两帧整体变化很剧烈，但是整体变化的幅度又极为相似，这样的帧应该聚为一类，所以这里将每帧中所有的顶点的运动进行归一化。

某一帧的相对运动剧烈程度采用该帧归一化后的所有顶点的运动与坐标轴所围成的面积(用积分求)衡量，为了将运动剧烈程度相似且连续的帧聚为一类，也使聚类结果中帧间的差别最小，本节将K类中帧间误差之和定义为目标函数，求最优聚类，即使目标函数最小的解，实现如下。

由于曲率和绕率都可能有负值存在，为了避免误差抵消效果，将第i类的误差σ_i^2定义为偏离该类平均面积E_i的平方之和。具体地，第i类的误差σ_i^2如下：

$$\sigma_i^2 = \sum_{0\leqslant k\leqslant t_i-1} [S_{\sum\limits_{1\leqslant j\leqslant i} t_j-k} - E_i]^2 \tag{3.37}$$

目标函数的设定不仅需使所有类的误差之和最小，而且应保证足够小的存储空间，同时考虑到不同用户对重构误差与存储空间的要求不同，故定义权值α，α表示误差在目标函数中所占权重。假设空域分割一帧要保存其分割结果所需存储空间为t，目标函数定义为

$$\begin{aligned}&\min\{\alpha L(t_1,\cdots,t_K)+(1-\alpha)Kt\}\\&=\alpha\sum_{1\leqslant i\leqslant K}\sum_{0\leqslant k\leqslant t_i-1}[S_{\sum\limits_{1\leqslant j\leqslant i} t_j-k}-E_i]^2+(1-\alpha)Kt\end{aligned} \tag{3.38}$$

由于每类中包含的帧数之和为每类总帧数F，且每类中所包含的帧数必须为整数，K的选取不能超过总帧数，所以约束条件如下：

$$\begin{cases}\sum\limits_{1\leqslant i\leqslant K} t_i = F\\ t_i\in\mathbb{N}^+\\ K<\text{Nkey}\end{cases} \tag{3.39}$$

式中，Nkey表示总帧数。

这样时域聚类的问题便转化为非线性约束的整数规划求最优解问题。由概率理论可以证明，在一定计算量的情况下，使用蒙特卡罗方法完全可以得到一个满意解。

蒙特卡罗方法计算结果收敛的理论依据来自于大数定律，且结果渐进地服从正态分布。约束条件中有一个等式，可行解太少。解决的方法是：在原有基础上减少一个随机数，即假如时域聚为K类，每组需选取K个随机数，现选取$K-1$个，另一个由约束条件中的等式计算。这样可行解的数目激增，使用蒙特卡罗方法完全可以得到一个满意解。

因此采用蒙特卡罗方法求出最优解，即时域聚类的每类中包含的帧数t_i（$i=1,2,\cdots,K$），完成时域聚类。

3.3.4　实验结果与分析

为了验证时域聚类的必要性，以牛模型为例，如图3.11所示，本节将该模型每帧的中心顶点连线，其中某帧的中心顶点由该帧所有顶点坐标的加权平均求取。由运动轨迹曲线图可见时域聚类完全是有必要的，因为该曲线图上曲率或绕率很大的点是存在的，即有些相邻两帧间是存在很大差距的，的确应该被聚到不同的类中分别进行压缩处理。

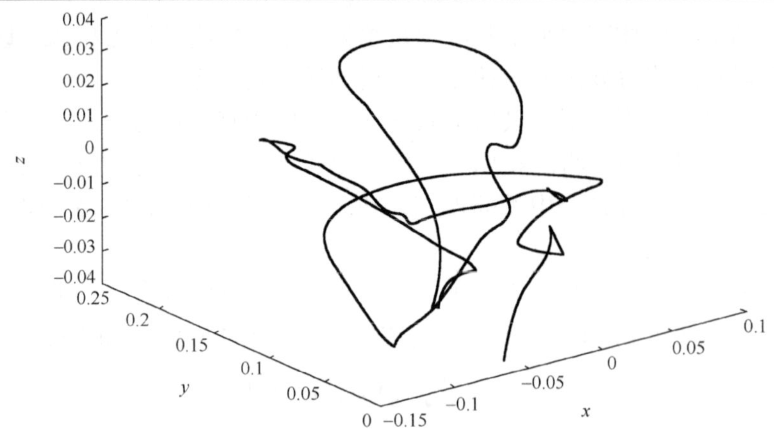

图 3.11　牛模型的运动轨迹曲线图

由 3.3.3 节的描述可知，事实上时域聚类的类数 K 是根据实验确定的。即固定其他可变参数而仅改变 K 的取值，综合考虑重构误差与压缩率来确定。由表 3.4 可见，当 K 为 6 时重构误差将不再发生明显的变化，而压缩率依然在明显增加。因此综合考虑，对于牛模型 K 取 6 时效果最好。当然这与理论也是相符合的，因为聚的类越多，相对来讲每类所包含的帧越相似，重构出的误差也越小，但是分的类越多，需要保存的信息也越多。

表 3.4　牛模型时域聚类类数对重构模型的影响

动画序列	K	重构误差	压缩率
牛	2	0.0579	0.72
	3	0.0450	1.06
	4	0.0441	1.29
	5	0.0394	1.63
	6	0.0327	1.81
	7	0.0306	2.07

确定 K 的取值后，使用蒙特卡罗方法求解构造的非线性约束规划模型的结果如图 3.12 所示。由图可见，牛模型时域被聚为 6 类，间隔帧的图形如图 3.12 所示，其中 F_i 表示第 i 类包含的帧，这里 $i=1,2,\cdots,6$ 。

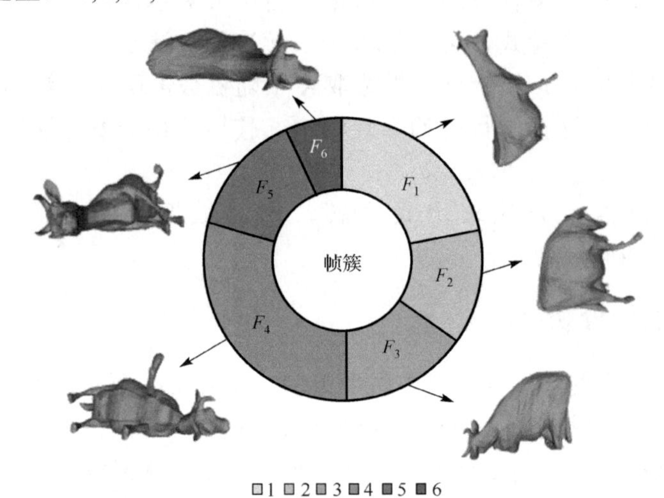

图 3.12　牛模型的时域聚类结果图

小　　结

对于动画序列模型，其时域上即帧间存在很大的冗余。因此为了去除网格序列在时间上的相关性，本节对全部的帧序列执行时域聚类，使相似的网格帧聚集到一类作为网格动画压缩的预处理。本节采用三维离散顶点的曲率和绕率来代表该顶点的运动剧烈程度，然后构建非线性约束的整数规划模型，最后采用稍加改进的蒙特卡罗方法对其进行求解从而得到时域聚类的最优解。在本书的方法中，空域分割时尽管使用大量的实验来获取最优权重α，但α始终是人为确定的。我们未来的工作是在本节工作的基础上研究出一种可自适应获取权重以及聚类个数的压缩算法。

总之，本节详细描述了一种创新的时域聚类算法，该算法不仅可以保证模型的运动性而且可以保证帧索引连续，从而可支持流式传输。同时本节进行了一系列的实验，包括验证时域聚类的必要性以及对可变参数的设置。通过实验说明我们的时域聚类是完全有必要的，找到了最优的可变参数取值并进行了讨论分析。

3.4　基于模型运动性与空间连续性的分割算法及编码

模型中拓扑相邻的两个顶点的几何信息一般比较接近，因而在空间维度上存在大量的冗余，为减少这种冗余，现存在许多空域分割算法用来去除空域冗余。最早的是区域生长算法的提出，但是区域生长的结果太过依赖初始种子顶点的选择，而且无论视觉上还是度量上，聚类算法分割出的结果都要优于区域生长。目前最典型且常用的K-means 算法存在一个致命的缺点，即K是人为指定的，并且通常K很难估算，通过使簇内平方误差最小来确定K的取值，这里采用类似的思想，使分割的每块内顶点间的误差最小。

3.4.1　空域分割算法

本节对时域聚类结果中每一类的关键帧进行空域分割，其中获取时域聚类结果中某类关键帧的计算方式为：逐帧计算该类当前帧与其他各帧的帧距(所有对应顶点间的欧氏距离之和)总和，将和值最小的当前帧定义为该类的关键帧。假设对时域聚类第k类的关键帧f进行空域分割且分割块数为S，S的选取应当使分割结果中每块内所含顶点间的差别最小，即目标函数为

$$\begin{gathered}\arg\min_{S}\sum_{i=1}^{S}\sum_{j\in S_{k,i}}\left\|v_j^f-\mu_i\right\|\\ \mu_i=\frac{\sum\limits_{j\in S_{k,i}}v_j^f}{\left\|S_{k,i}\right\|},\quad k=1,2,\cdots,K\end{gathered}\tag{3.40}$$

式中，v_j^f表示模型第f帧第j个顶点的坐标；$S_{k,i}$表示第k类中第i块所包含的顶点索引；μ_i表示空域分割的第i块的平均顶点坐标。针对不同的模型分割块数S的取值，详见本

节实验结果部分。以下假设对第t类的关键帧f进行分割，$t=1,2,\cdots,K$，具体空域分割过程如下。

首先，随机将关键帧所包含的顶点分为S块。为了找到每块中最合适的聚类中心，这里先找到S块中每块的中心顶点，将离本块中心顶点最近的顶点当作本块的聚类中心，用$v_{c_i}^f$表示，即$v_{c_i}^f$表示关键帧f中空域分割的第i块中的聚类中心顶点，$i=1,2,\cdots,S$。

其次，要找到顶点v_j^f应归属的部分需要分别计算顶点S个聚类中心的距离d_{c_ij}，其中$i=1,2,\cdots,S, j=1,2,\cdots,N$且$v_j^f \neq v_{c_i}^f$，$\overline{k}_{tj}$表示第$j$个顶点在时域聚类结果的第$t$类中的运动期望，具体顶点$v_j^f$到$v_{c_i}^f$的距离$d_{c_ij}$定义如下：

$$d_{c_ij}=\alpha\left\|v_{c_i}^f-v_j^f\right\|^2+(1-\alpha)\left|\overline{k}_{tc_i}-\overline{k}_{tj}\right| \tag{3.41}$$

此公式为求取顶点j到第i块的距离，显然距离越小越应该聚为一类。顶点j到某一聚类中心c_i的欧氏距离所占权重为α，表示空间连续性；顶点j在此类(时域)中的运动期望与聚类中心c_i在此类中运动期望之差的绝对值所占权重为$1-\alpha$，此部分代表模型的运动性。考虑到运动性与空间连续性两个因素间的差距比较大，对两个因素做了归一化处理。选取最小的d_{c_ij}，把顶点j归到第i类，$i=1,2,\cdots,S$。

关于权值α的选择讨论如下：由于本算法中必须要保证空间连续性，若分割结果中每块所包含顶点不连续，下一步的图傅里叶变换就会出现问题。因此代表空间连续性的因素所占的权重应稍大些，即$0.5<\alpha<1$，因为这样能更大程度上保证分割出来的块中空间不连续的点尽可能少。考虑权值α的变化对分割好坏的影响，因为保证空间连续性非常必要，所以在此用分割结果中的不连续点的比例衡量分割的好坏，对不同的模型做测试找到最优的权值取值。

然后，更新每一簇的中心，即将每簇中最接近中心点的顶点作为本簇新的聚类中心点。

最后，重复以上步骤直到阈值 threshold 小于某个特定的值为止。threshold 定义为每块(空域分割)中所有顶点距离的期望之和。阈值越小说明分割的块中顶点间无论欧几里得距离还是运动趋势都非常接近。关于阈值 threshold 的讨论如下：理论上讲，当然阈值越小，分割的效果越好，但阈值越小，相应的迭代次数也越多，需要从中做出权衡。

当然这样分割下来并不能完全保证空间连续，需要把不连续的点提取出来根据拓扑将其归到相应的块中。经过对大量模型的实验发现，其实不连续的点是很少的，有两方面的原因，一是进行分割的时候将空间连续性这个因素的权重赋值相对较高；二是空间连续的点运动性也非常相似，也就是说第二个因素也在一定程度上保证了空间连续性，这无形中又增加了空间连续性的权重。

3.4.2 图傅里叶变换

以上已经对模型进行了时域、空域的聚类，本节对所有类的所有部分分别进行图傅里叶变换，在此使用图傅里叶变换可达到最好的重构效果。以下假设对第i类的第j块

$S_{i,j}$ 使用图傅里叶变换，$i=1,2,\cdots,K, j=1,2,\cdots,S$，具体步骤如下。

首先，根据模型的拓扑求出 $S_{i,j}$ 的拉普拉斯矩阵 $L=D-A$。其中 A 为邻接矩阵，A 根据拓扑求得，即两顶点有边记为 1，无边记为 0。D 为对角矩阵，对角线上的元素为对应顶点的度，D 对角线上的元素即为 A 对应行所有元素之和。其中 L、D、A 均为 $\|S_{i,j}\|\times\|S_{i,j}\|$ 的方阵，$\|S_{i,j}\|$ 为第 i 类的第 j 块所含有的顶点数目。

其次，求出 L 对应的特征向量 V，V 也为 $\|S_{i,j}\|\times\|S_{i,j}\|$ 的方阵。

最后，将此部分所含顶点的每帧 x,y,z 坐标分别取出并投影到对应部分的基上得到相应的系数，并选取 kn 个重要的基对应的系数。

3.4.3　系数的编码

本节将编码上述选取的图傅里叶变换后的系数。这里并非采取一些经典的编码算法如哈夫曼编码或预测编码，而是采用嵌入式编码。采用嵌入式编码就能够对码率进行精确的控制，一旦编码失真或编码码率达到要求，即可随时停止编码过程，因此非常适合用于动画的渐进传输。

在众多的嵌入式编码算法中，最具有代表性的就是 EZW、SPIHT 和 SPECK 三种编码算法。SPECK 编码算法由于充分利用了小波系数的能量集中和能量随尺度的增加而衰减的特点，将四叉树分裂和比特平面编码方法相结合，获得了较好的压缩性能并得到了人们更多的重视，且 SPECK 编码具有块间可独立编码、编码速度快等优点。因此本节选取 SPECK 对选取的系数进行编码。

3.4.4　实验结果与分析

1. *网格动画模型数据*

在进行算法测试时，选用四种动画序列，它们分别是牛、蛇、鹿、舞者模型。这些模型的几何数据量及拓扑数据量如表 3.5 所示，从表中可以看出，相对于拓扑信息，几何信息占据更大的存储空间。

表 3.5　本节测试所用动画模型

动画序列	牛	蛇	鹿	舞者
顶点数	2904	9179	2969	7061
面数	5804	18354	5832	14118
帧数	204	134	201	201
几何信息/KB	12689	72499	5722	48230
拓扑信息/KB	21	71	22	48

2. *参数的确定*

关于权值 α 的选择讨论如下：观察距离的计算公式，前面一个因素 $\|v_{c_i}^f-v_j^f\|^2$ 表示模型的空间连续性，第二个因素 $\|\bar{k}_{tc_i}-\bar{k}_{tj}\|$ 表示模型的运动性，当然考虑到运动性与空间连续性两个因素间的差距比较大，这里均对两个因素做了归一化处理。代表

空间连续性的因素所占的权值应稍大些，即 $0.5<\alpha<1$。考虑权值 α 的变化对分割效果的影响，因为保证空间连续性非常必要，所以在此用分割结果中的不连续点的比例衡量分割的好坏，对牛以及舞者模型时域聚类的第一类分割实验结果如图 3.13 所示。

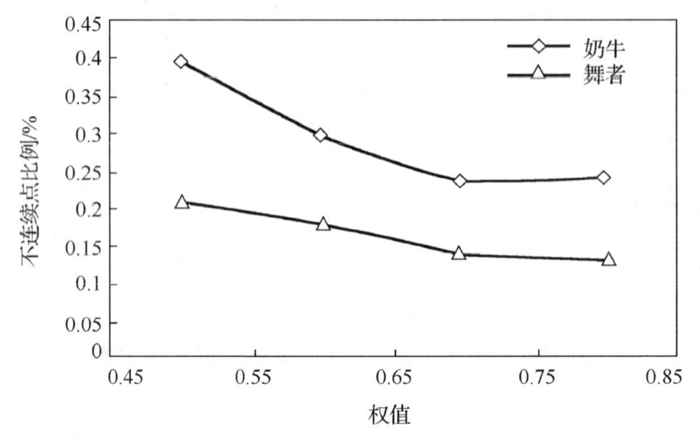

图 3.13　牛和舞者模型分割权值对不连续点比例的影响

由图 3.13 可以看到，当权值超过 0.8 时不连续点的比例不再进一步减小。观察可知，权值的浮动对分割后不连续点所占的比例影响并不是很大。

由表 3.6 可知，随着选取重构系数个数的增加，重构误差越来越小，即重构出的模型与原模型越来越相似。当 kn > 50 时 (kn 表示顶点簇的个数)，重构系数的增加对重构误差的影响不再明显。对应表 3.6 前 50 个系数表示低频信息，后面的表示高频信息，所以对于模型的重构而言，前 50 个系数对于模型重构的贡献大，后面的相对贡献较小。

表 3.6　牛模型重构系数的选取对重构误差的影响

模型名	kn	重构误差	压缩率
牛	2	0.2200	0.5116
	5	0.1004	0.5531
	10	0.0524	0.6213
	20	0.0377	0.6776
	50	0.0203	0.8159
	100	0.0132	0.9818
	200	0.0084	1.1953

3. *压缩率与误差的衡量*

为了对比本书的算法与之前已有的算法，需要选用一个评价方式。一般地，KG_{error} 是最常用的，它被用于评估压缩后动画与原动画的误差。因此本节也选用该误差来衡量算法的优劣，KG_{error} 的定义如式 (3.42) 所示。式中 B 为原始网格动画的 $3N\times F$ 的坐标信息矩阵，其中 N 为顶点个数，F 为帧数：每一列代表某一帧模型所有顶点的坐标数据，B' 为最后恢复得到的动画数据，维数与 B 相同。

$$\mathrm{KG}_{\mathrm{error}} = 100 \times \frac{\|B - B'\|}{\|B - E(B)\|}\% \tag{3.42}$$

同时为了衡量压缩的程度，采用式(3.43)来衡量压缩率。其中 M 表示压缩后总共需要保存的数据量，N 表示模型顶点的个数，F 表示动画序列中的总帧数。

$$R = \frac{M}{N \cdot F} \tag{3.43}$$

4. 重构时间

本书的压缩算法不仅支持流式传输，同时也支持渐进传输。当然这里的流式传输是基于间隔帧的部分流式传输。事实上本节提出的压缩算法总共需要传输的信息包括拓扑信息、时空聚类的结果，选取的 GFT 系数。我们并没有保存基，而是保存了时空聚类的结果与拓扑信息。这样不仅可以在很大程度上降低压缩率，而且可以大大降低对带宽的要求，再进一步将基和选取的系数结合则得到相应的几何信息。在此，客户端执行图傅里叶变换会耗费一点时间，但这个时间经过实验测试一般是小于 2s 的，而且客户端仅需要在重构动画模型前执行一次图傅里叶变换即可。

由于本节执行了时域聚类，客户端经过图傅里叶变换得到一些列基后，服务端可分簇传输重构所需要的系数到客户端。因此服务端可根据客户端的具体需求在任意间隔帧处停止系数的传输。以牛和鸡模型为例，每簇的传输时间如表 3.7 所示。

表 3.7　传输每类所需要的时间

动画序列	类数	数据量/KB	时间/ms
牛	1	18	2.8
	2	11	1.7
	3	11	1.7
	4	11	1.7
	5	11	1.7
	6	11	1.7
	7	11	1.7
鸡	1	24	3.5
	2	17	2.5
	3	17	2.5
	4	17	2.5
	5	17	2.5

5. 与现有算法进行比较

本节选择两个现有算法，即 Vasa(2010)的算法、Luo 等(2013)的算法与本书的算法进行比较，这两个现有算法与本书的算法类似，即现有算法压缩的仅仅是几何信息，同时假设拓扑信息不发生改变且采用已有的算法对拓扑信息进行压缩编码。但是本书的算法不仅去除了空域冗余且同时去除了时域冗余。将相似的帧聚集到一类并执行类内压缩，还执行了基于运动的分割并且对每一块均执行图傅里叶变化，因此可以在相同的重构误差基础上获取更好的压缩率且可以支持流式传输、渐进传输以及运动匹配等应用。

像许多现存的算法一样，我们也采用 RD(rate-distorion) 曲线来衡量动画网格的压缩算法。图 3.14 比较了本书的算法与上述提及的两种算法对于四个模型的 RD 曲线。为了调查时域聚类的必要性，进一步比较了本节提出的算法中有时域聚类和没有时域聚类的结果的区别。在图中，Spatial 表示本节所提出的没有时域聚类的结果，Spatial-temporal 表示本节所提出的有时域聚类的结果。显然，Spatial-temporal 比 Spatial 的效果好。观察可知，本书的算法远比上述现存的算法效果好。如图 3.14 所示，对于所有的测试模型来说，同样压缩率的前提下，与现有两种算法相比，本节提出的算法可以达到更小的重构误差。然而，对于蛇模型而言，当 $\mathrm{BPFV} < 0.45$ 时效果并不好，但是随着存储空间的增大，保存的几何数据量慢慢增大，而且几何数据所占空间也远超过拓扑数据。所以当 $\mathrm{BPFV} > 0.45$ 时，本节提出的算法还是优于现有算法的。

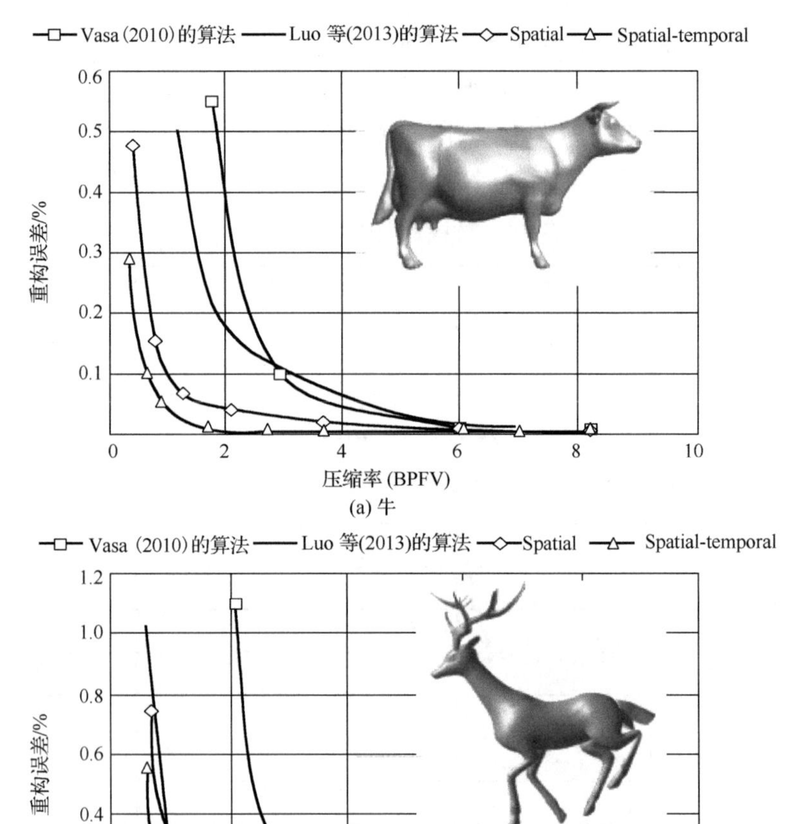

(a) 牛

(b) 鹿

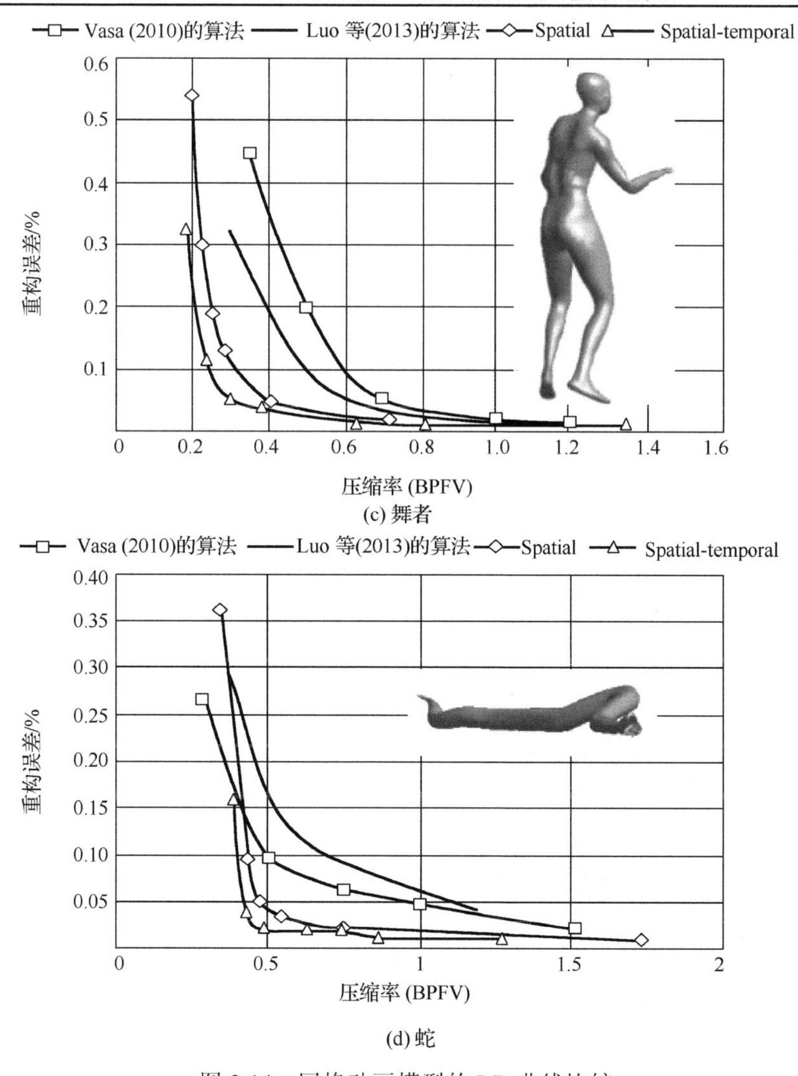

(c) 舞者

(d) 蛇

图 3.14　网格动画模型的 RD 曲线比较

6. 应用

本节提出的算法支持诸多应用，如用户自定义和渐进传输、网格动画匹配等。下面将对用户自定义渐进传输和网格动画匹配两种应用进行描述。

用户自定义传输机制可以控制数据如何传输，它可以根据用户的需求传输相应的数据。用户自定义传输这种机制是十分重要的，因为不同的用户对模型重构的部分和具体重构的质量要求是不一样的。为了支持用户自定义传输，将空域分割成的块归为运动剧烈、平缓以及几乎不变的类。对于运动剧烈的块，其每帧的数据都传输到客户端；而对于运动平缓和几乎不变的块，可分别每隔 k_1 和 k_2 帧传一次，不传输的帧的信息由其前一帧的信息代替，因为事实上帧间信息差别是非常小的。其中 k_1 和 k_2 可由具体的应用来确定。如在移动应用中，可以根据网络带宽以及缓存大小动态地计算。因此这样可以有效地减少传输的数据。

对于渐进传输，由于 SPECK 算法可以产生一个嵌入式的编码位流，我们可以在解压和重构的任意点处中断码流的传输，因此可以通过 SPECK 编码来支持渐进传输。在本节的算法中，通过控制重构 GFT 系数的个数来支持渐进传输。服务端的编码可在任意点处停止，客户端的解码也可在任意点处停止。具体 GFT 系数的传输个数根据用户的需求以及实际应用来确定。具体地，从服务端传输到客户端的信息有拓扑信息、时空聚类结果和一些选择的 GFT 系数。为了支持渐进传输，首先从服务端传输一个包含拓扑信息、时空聚类结果和一小部分低频信息的系数的数据包到客户端，然后渐渐地增加高频系数的传输以达到渐进传输的效果。如图 3.15 所示，对于牛模型，它的拓扑信息和时空聚类结果仅占 19KB 的存储空间，其他的均是系数。显然，随着高频系数不断传输，重构的动画模型越来越接近于原始模型。

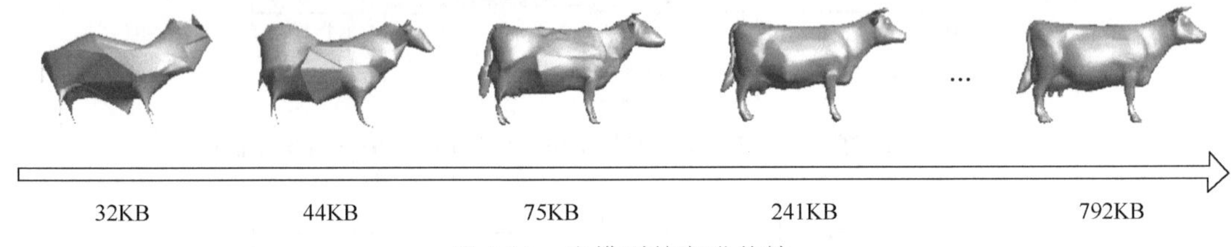

图 3.15 牛模型的渐进传输

网格序列的匹配已经引起了人们的广泛关注。不同动画模型的运动可能非常相似，如两个人跳同一支舞，他们可能体形有差别，尽管这两段模型动画的几何信息和拓扑信息均不相同，但是它们的运动趋势是非常相似的。这两段动画模型在一定程度上也应该被聚为一类。

图 3.16(a) 表示狗和鹿模型在每帧中的运动剧烈程度。其中横坐标表示帧数，纵坐标表示不同的帧对应的运动剧烈程度。细线表示狗模型，粗线表示鹿模型。从这两个动画的运动可以看出虽然它们并不属于同一个模型，但是运动趋势却是非常相似的。从运动的层面来看，它们应该被聚为一类。从图 3.16(a) 可发现两个模型运动差别最大的帧、平均帧、最小的帧分别是第 42、65 和 170 帧。如图 3.16(b) 所示可以看到即使差别最大的第 42 帧，狗和鹿模型的运动也是非常相似的。

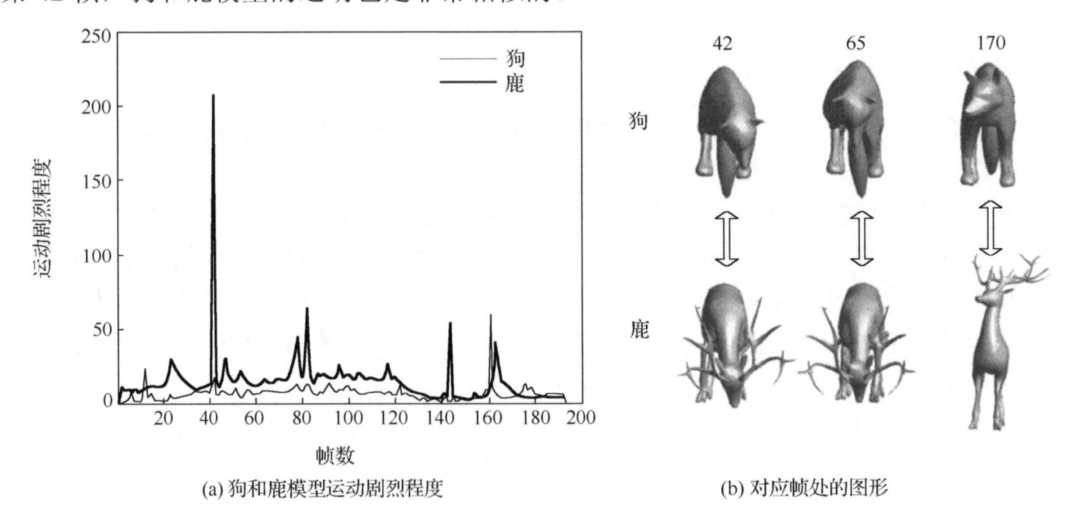

(a) 狗和鹿模型运动剧烈程度　　(b) 对应帧处的图形

图 3.16 狗和鹿模型的运动匹配

小　结

在空间序列上，本节将运动相似的顶点聚为一类，因为越相似的信息聚集到一起需要保存的信息也相对越小。当然这里有个要求就是聚类的结果都是连续的，因为只有保证顶点聚类连续，下一步的图傅里叶变换才有达到渐进传输的意义。为了进一步提高压缩率，把空域分割的结果标记为运动比较剧烈的、平缓的和几乎不变的类别，可根据客户的需求及资源可用性自适应地处理。本节给出了算法的相关实验结果，包括诸多系数的确定、与其他算法的比较等。

当处理的动画模型总是做重复的运动时，本节提出的保证连续帧的聚类对于提高压缩率来讲是不恰当的。例如，飘动的旗子，它拥有很多非常相似的帧，但这些帧并不连续。不过如果用户想要达到流式传输的效果，仍需使用本节提出的时域聚类算法。还有一个问题就是本节在客户端执行了 GFT 以产生重构原动画模型所需要的特征向量，显然执行 GFT 需要耗费用户的时间。不过大量实验测试表明，执行 GFT 大概需要耗费 2s。我们以后将进一步优化空域分割，使特征向量的求取变得更简单有效。同时聚类的个数也是影响压缩性能的一个因素。因此，本书的算法将要做到自适应地选取最优聚类个数。

第 4 章　面向移动网络的三维场景传输方法

在三维场景传输中，通过对三维场景的数据量进行压缩处理，可以大幅度地降低所需传输的数据量，从而节省有限的网络带宽以及减少客户端的数据处理量。本章主要对面向移动网络的三维场景传输方法进行研究，主要介绍基于用户指定误差精度的三维场景传输方法以及基于多视点的三维场景低延迟远程绘制方法。

4.1　基于用户指定误差精度的三维场景传输方法

随着计算机图形学的发展以及工业上对三维模型的广泛应用，三维模型正朝着复杂化、精细化的方向发展。通过成熟的三维建模技术，一些大型的虚拟场景如 3D 博物馆、三维虚拟城市、地貌地形都能栩栩如生地展现在眼前。这些场景通常规模庞大，面片数量众多，分辨率高，视觉效果极佳，因此整个场景极其复杂且模型数据量大，导致三维模型所需处理及传输的数据量急剧增加。然而有限的网络带宽限制了三维场景在网络中的传输，三维场景所需传输的庞大数据量与网络有限带宽成了制约其应用的关键因素。因此，三维场景的压缩技术成了当前计算机图形学中热门的研究领域之一。三维场景的压缩就是用尽可能少的计算机存储空间记录网格的拓扑信息和几何信息，并将这些存储的数据流进行数据压缩，从而减少三维场景的数据量，节省三维模型在计算机内部的存储空间以及有利于其在网络中进行传输，其压缩方案通常由量化、几何编码和数据压缩这三个步骤组成。

基于用户需求驱动的三维场景传输可以让用户根据自身设备的图形处理能力以及当前的网络状况来决定所需传输场景的数据源的品质与数据包的发送顺序。以用户实际需求为驱动的一种典型做法是基于视点相关的三维场景传输。视点相关的方法第一次应用在动态简化模型方法中，该方法用来自适应地渲染复杂三维场景。视点相关的方法通常结合三维模型的多分辨率传输，渐进传输可以实现三维模型边传输、边解压、边显示的渐进传输模式。有研究者提出了接收者驱动(receiver-driven)的基于视点相关的渐进网格流传输框架。该方法让接收者决定模型细化的精度以及数据包发送的优先顺序。又有人提出了基于几何图像的网格流渐进传输方法，将三维模型数据转化为图像数据后，利用 JPEG 2000 的图像多分辨率机制，根据视点相关渐进地细化模型。

本节的工作也是以用户实际需求为驱动的三维模型传输。让用户来决定所需传输模型的重构误差精度，服务端根据这个误差指标对三维模型的几何数据进行合适的处理，从而使重构模型的误差落在用户所需的误差精度范围内。与其他方法相比，由于我们采用的是单一位率的压缩方法，因此压缩效率更高。此外，为在客户端实现最佳的中间绘制效果，在给定的比特率下，渐进压缩方法需在模型的压缩率和绘制失真率两者之间进行权衡，而此项计算需耗费大量的计算代价。因此，在一些移动应用中，如移动游戏和移动虚拟漫游中，复杂场景中的三维模型通常都采用单一位率的压缩方法，以便三维模型能够快速地从服务端传输到客户端。

4.1.1　传输方法整体框架

本节的三维模型传输框架如图 4.1 所示，我们为客户端提供了 N 种视觉级别和 M 种低频误差级别，用户可根据自己的需求选择其中一种视觉误差级别以及低频误差级别，然后向服务端发送此误差精度下的三维模型请求。服务端在接收到请求后，将进行以下处理。

(1) 将三维模型的几何数据做 Laplacian 转换，转换后的坐标称为 δ-coordinates 相对坐标。

(2) 根据客户端选择的视觉误差级别对 δ-coordinates 相对坐标进行相应的量化。

(3) 由 BFS 锚点选取法增量式地记录不同参数 v 的锚点(参数 v 表示锚点密集程度)，选取两个不同的参数 v，分别重构不同参数 v 时的模型，得到低频误差 M_{q1}、M_{q2}，根据这两对坐标值 $((v_1, M_{q1}),(v_2, M_{q2}))$ 来拟合具体的函数曲线：$M_q = f(v)$。由于其为单调函数，因此可根据客户端选择的低频误差级别 M_q 求出相应的 v。

(4) 使用贪婪的锚点选取法对三维模型的低频误差进行微调，使其满足客户端的要求。

(5) 将处理完的几何数据压缩后发送给客户端。而对于三维模型的拓扑数据，我们采用 TG (Touma and Gotsman，1998) 的方法来进行压缩。

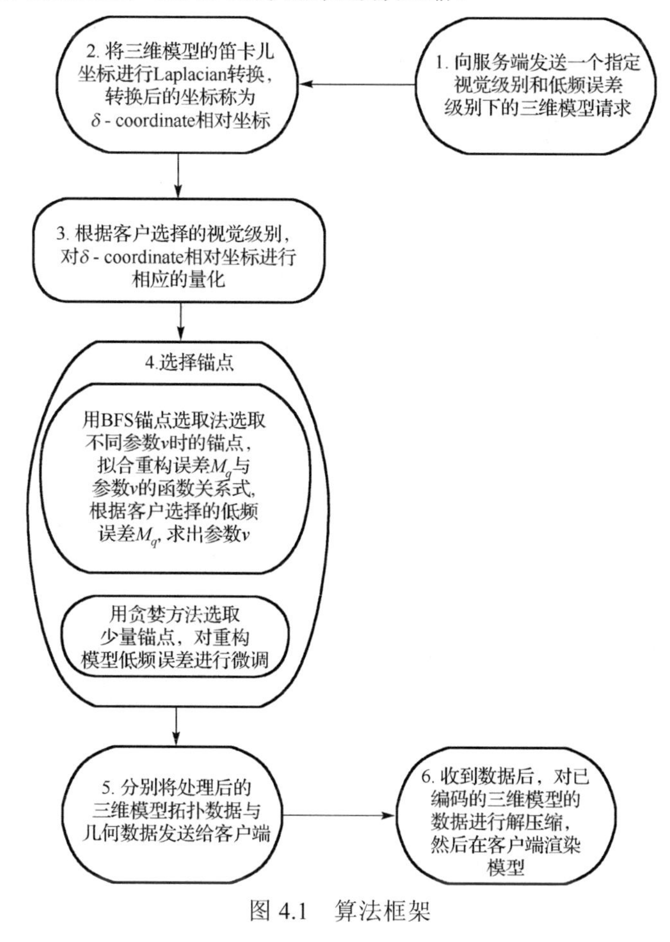

图 4.1　算法框架

1. 几何数据的拉普拉斯转换

此步骤的目标是将三维模型的几何数据从笛卡儿坐标形式转换为相对坐标形式。定

义 N 个顶点的三角网格 M，每个顶点 $i \in M$ 的笛卡儿坐标表示为 $v_i = (x_i, y_i, z_i)$，$V = \{v_1, v_2, \cdots, v_n\}$ 则为网格 M 的顶点集。每个顶点的 δ-coordinates 相对坐标定义为 $\delta_i = (\delta_i^x, \delta_i^y, \delta_i^z) = v_i - \frac{1}{d}\sum_{k=1}^{d} v_{ik}$ 。其中 d_i 表示顶点的直接邻接点的个数(即为顶点的度)。$\varDelta=\{\delta_1, \delta_2, \cdots, \delta_n\}$ 为相对坐标的集合。记网格 M 的邻接矩阵为 A：

$$A_{ij} = \begin{cases} 1, & i \text{ 和 } j \text{ 相邻} \\ 0, & \text{其他} \end{cases} \tag{4.1}$$

记 D 为主对角矩阵，主对角线上的元素为 $D_{ii} = d_i$ 。将笛卡儿坐标转化为 δ-coordinatess 相对坐标的矩阵为 $L = D - A$，其中：

$$L_{ij} = \begin{cases} d, & i = j \\ -1, & i \text{ 和 } j \text{ 相邻} \\ 0, & \text{其他} \end{cases} \tag{4.2}$$

其有如下关系：$Lx = D\delta^{(x)}$， $Ly = D\delta^{(y)}$， $Lz = D\delta^{(z)}$，其中 x 表示 n 个元素的列向量(n 维列向量)，元素内容为 n 个顶点坐标中(笛卡儿坐标)所有 x 轴坐标。y、z 坐标的表示方法类似。将上面三式合并，即有 $L(x,y,z) = D(\delta^{(x)}, \delta^{(y)}, \delta^{(z)})$，其中 $V = (x,y,z)$ 为 $n\times3$ 的矩阵， $\delta = (\delta^{(x)}, \delta^{(y)}, \delta^{(z)})$ 也为 $n\times3$ 的矩阵。

矩阵 L 被称为网格的拉普拉斯算子(the Laplacian of the mesh)，Chung(1997)对网格的拉普拉斯算子进行了广泛的研究。拉普拉斯矩阵 L 为对称的、奇异的、半正定矩阵，秩为 $n-1$。正是由于其秩为 $n-1$，对于线性系统 $Lx = D\delta^{(x)}$，x 的解有无限多。而且其中的任意两个向量都可由一个常向量将它们联系起来。若已知相对坐标 δ，外加一个原始的笛卡儿坐标 x，便可求得 x 向量中的所有元素。又由于 δ-coordinates 相对坐标的数值远小于三维模型的原始坐标(笛卡儿坐标)，因此，此方法可用于三维模型的压缩传输技术。

2. δ-coordinates 相对坐标的量化

三维模型的笛卡儿坐标转化为 δ-coordinates 相对坐标之后，浮点型数据不能直接用基于字典的编码或熵编码，而必须通过量化。根据客户端选择的所需传输模型的视觉级别，在服务端选择相应的比特量化，量化范围为 3～8bit。

传统的三维模型压缩传输中，通常直接量化模型的几何数据，即笛卡儿坐标，从能量的角度上来说，这种量化往往丢失三维模型的高频信息，重构模型的局部特征细节被磨平，如原本棱角分明的人脸会变得平滑。而经 δ-coordinates 相对坐标量化后的重构模型丢失的是哪一部分信息呢？与原始模型相比有哪些差异呢？下面将从数学角度出发对其进行分析。

量化一个向量 x 将引入一个误差向量 q_x，量化后的向量将表示为 $x + q_x$。若采用全局均匀量化，量化系数为 $p$bit，因此量化间隔(即为最大的量化误差)为

$$\max_i q_i = (\max_i x_i - \min_i x_i) / 2^p \tag{4.3}$$

现引入一个非奇异的变换矩阵 A。矩阵 A 乘以向量 x，将使原来的向量转变为一个新的向量：Ax。也将新向量 Ax 量化，设量化误差为 q_{Ax}。因此，量化后的新向量记为 $Ax + q_{Ax}$。通过左乘 A 的逆矩阵 A^{-1}，能恢复 x 的近似值：$A^{-1}(Ax + q_{Ax}) = x + A^{-1}q_{Ax}$，其中误差为 $A^{-1}q_{Ax}$。

假设矩阵 A 为实对称矩阵，可将矩阵 A 进行正交特征分解：$A=U\Lambda U^{-1}$。其中 U 为单位正交矩阵，Λ 为对角矩阵，$\Lambda_{ii}=\lambda_i$，λ_i 为矩阵 A 的特征值。将其进行排序，使 $|\lambda_1|\geqslant|\lambda_2|\geqslant\cdots\geqslant|\lambda_n|$。向量 x 可由矩阵 A 的正交特征向量线性组合表示为

$$x=c_1u_1+c_2u_2+\cdots+c_nu_n \tag{4.4}$$

式中，u_i 为正交矩阵 U 的第 i 个列向量(其对应的特征值由大到小排列)。将向量 Ax 也由矩阵 A 的正交特征向量进行线性组合表示：

$$A^{-1}q_{Ax}=c_1'\lambda_1^{-1}u_1+c_2'\lambda_2^{-1}u_2+\cdots+c_n'\lambda_n^{-1}u_n \tag{4.5}$$

非奇异矩阵 A 的逆矩阵可表示为 $A^{-1}=UAU^{-1}$，将误差向量 q_{Ax} 由线性组合表示：

$$q_{Ax}=c_1'u_1+c_2'u_2+\cdots+c_n'u_n \tag{4.6}$$

将式(4.6)两端同乘以逆矩阵 A^{-1}，可得

$$A^{-1}q_{Ax}=c_1'\lambda_1^{-1}u_1+c_2'\lambda_2^{-1}u_2+\cdots+c_n'\lambda_n^{-1}u_n \tag{4.7}$$

q_{Ax} 为直接量化 x 向量引入的误差，$A^{-1}q_{Ax}$ 为先将向量 x 变化到另一个空间域，然后再将其量化而引入的误差。

3. 锚点选择

为了增大拉普拉斯矩阵 L 的最小特征值，减小 δ-coordinates 相对坐标量化引入的误差，有相关研究者提出了在拉普拉斯矩阵 L 中添加锚点，通过构造新的拉普拉斯矩阵 $\widetilde{L}$，从而增大拉普拉斯矩阵的最小奇异值，有效地抑制了放大系数 A^{-1}，在一定程度上减少了低频误差。

给拉普拉斯矩阵 L 添加 k 个锚点，使原来的 $n\times n$ 的拉普拉斯矩阵 L 变成 $(n+k)\times n$ 的矩阵 $\widetilde{L}$，其前面 n 行是奇异的拉普拉斯矩阵 L，后面 k 行是相关锚点的单位行向量。$w=\widetilde{L}x$ (以 x 向量为例，y、z 向量同理)，w 为 $n+k$ 行列向量，前 n 行是 δ-coordinates 相对坐标，后 k 行是标准的笛卡儿坐标，对其分别进行量化。w 量化后的误差为 $w+q_w$，通过求解这个最小二乘法：$\min_w\left\|\widetilde{L}x-(w+q_w)\right\|_2$ 能恢复近似的原始坐标 x。图 4.2 所示为构造两个锚点的矩形拉普拉斯矩阵 $\widetilde{L}$ 的过程，常用的锚点选取的方法有贪婪算法和 BFS 算法两种。

蔡苏和赵沁平(2006)提出了一种贪婪算法来挑选 k 个锚点：先在三维模型上任意挑选一个锚点，形成 1 个锚点的矩形拉普拉斯矩阵 $\widetilde{L}_1$，求解最小二乘法重构模型，与原始模型对比，挑选出与原始模型误差最大的顶点，再把这个点设置为锚点，重复使用此方法，直至挑选出 k 个锚点。这种做法的优点是直接将误差最大的点固定为锚点，但其缺点是在初期只有几个锚点的情况下，形成的拉普拉斯矩阵 $\widetilde{L}$ 是条件不充分的。在这种条件不充分的情况下按误差最大的点挑选锚点，本身含有很大的误差。

BFS 算法由 Chen 等(2005a)在《高通量化的代数分析》(*Algebraic analysis of high-pass quantization*)这篇文章中提出，其做法为：先随机选取一个顶点作为锚点，然后以这个点作为根节点，对网格做广度优先遍历，记录其余的点到锚点的距离(也就是深度)，把最深的那个点选为第 2 个锚点，再以第 2 个锚点为根节点再次对网格做广度优先遍历，若当前的深度比之前记录的深度小，则修改它。重复使用此方法，直至选取 k 个锚点。由 BFS 算法选取的锚点在三维模型空间中分布相当均匀，而且 BFS 算法计算效率高。但是它对低频误差的抑制率却不如贪婪算法。

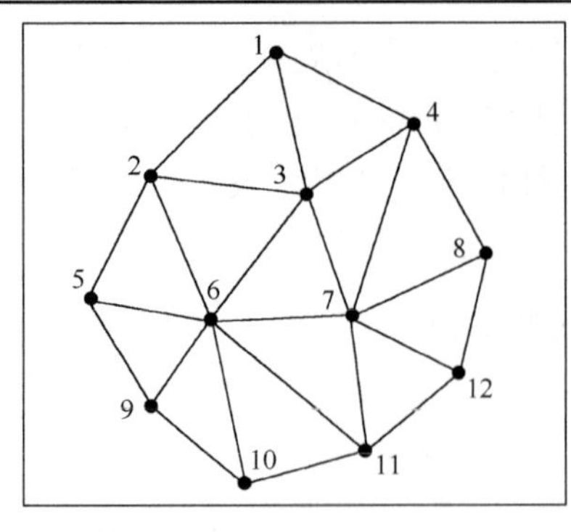

(a) 三维对象对应的图的结构

$$
\begin{bmatrix}
0 & -1 & -1 & -1 & & & & & & & & \\
-1 & 0 & -1 & & -1 & -1 & & & & & & \\
-1 & -1 & 0 & -1 & & -1 & -1 & & & & & \\
-1 & & -1 & 0 & & & -1 & -1 & & & & \\
 & -1 & & & 0 & -1 & & & -1 & & & \\
 & -1 & -1 & & -1 & 0 & -1 & & -1 & -1 & -1 & \\
 & & -1 & -1 & & -1 & 0 & -1 & & & -1 & -1 \\
 & & & -1 & & & -1 & 0 & & & & -1 \\
 & & & & -1 & -1 & & & 0 & -1 & & \\
 & & & & & -1 & & & -1 & 0 & -1 & \\
 & & & & & -1 & -1 & & & -1 & 0 & -1 \\
 & & & & & & -1 & -1 & & & -1 & 0
\end{bmatrix}
$$

(b) 网格对应的邻接矩阵

$$
\begin{bmatrix}
3 & -1 & -1 & -1 & & & & & & & & \\
-1 & 4 & -1 & & -1 & -1 & & & & & & \\
-1 & -1 & 5 & -1 & & -1 & -1 & & & & & \\
-1 & & -1 & 4 & & & -1 & -1 & & & & \\
 & -1 & & & 3 & -1 & & & -1 & & & \\
 & -1 & -1 & & -1 & 7 & -1 & & -1 & -1 & -1 & \\
 & & -1 & -1 & & -1 & 6 & -1 & & & -1 & -1 \\
 & & & -1 & & & -1 & 3 & & & & -1 \\
 & & & & -1 & -1 & -1 & & 3 & -1 & & \\
 & & & & & -1 & & & -1 & 3 & -1 & \\
 & & & & & -1 & -1 & & & -1 & 4 & -1 \\
 & & & & & & -1 & -1 & & & -1 & 3
\end{bmatrix}
$$

(c) 网格的拉普拉斯矩阵

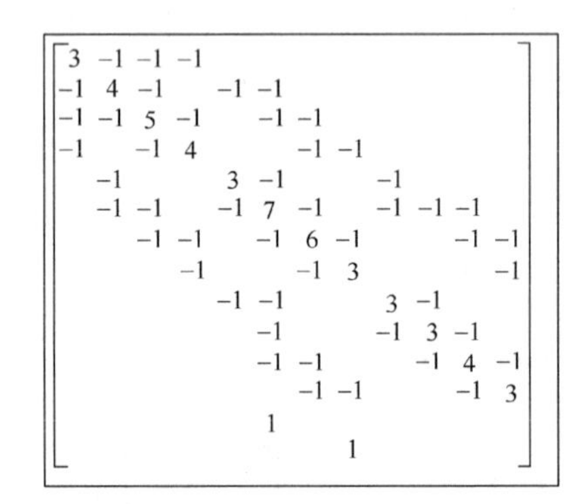

(d) 添加了两个锚点的拉普拉斯矩阵

图 4.2　拉普拉斯矩阵的表示和改进

本节首先采用 BFS 算法记录不同密集程度时的锚点分布(即不同参数 v)，并通过分析大量的实验结果，总结了如下结论：重构模型的低频误差 M_q 与参数 v 含有特定结构的函数关系式 $M_q = f(v)$。这种函数关系式会因 δ-coordinates 相对坐标量化精度的不同而有所不同，但对于不同的三维模型，都满足这一规律，只不过函数的系数会有所不同。由于本节的方法框架主要用于三维模型的实时传输，因此锚点选取的效率还是比较重要的衡量指标。但选取相同锚点，BFS 算法的效果却不如贪婪算法，因为贪婪算法是直接将误差最大的点固定为锚点。不过可以通过多选取几个锚点来弥补这一缺陷，因为锚点所需的存储空间并不大，多一些锚点并不会造成很大的代价。表 4.1 所示为分别由这两种算法选取相同的锚点数所需的耗时。

表 4.1　两种算法分别选取相同锚点所需的耗时　　(单位：ms)

模型	顶点数	锚点数	BFS 算法耗时	贪婪算法耗时
马	4243	38	16	8392
劳拉娜	6301	54	47	28580
男人	10042	64	218	77579
“高兴”	16268	96	624	229040
犰狳	18245	95	764	173379

4. 结论

本节提出了用户指定误差精度的三维模型传输框架，并介绍了拉普拉斯坐标转换的步骤，详细讲述了因量化 δ-coordinates 相对坐标而丢失的信息对重构模型低频误差的影响，而添加锚点可以减小这种误差。针对贪婪锚点选取法和 BFS 锚点选取法的缺点以及场景的实际需求，提出了基于 BFS 算法和贪婪算法的锚点选取方法。最后，分析了这两种锚点选取方法的优缺点和效率。

4.1.2　场景传输中视觉误差与低频误差的精度控制方法

4.1.1 节提出了用户指定误差精度的三维模型传输框架，并详细描述了该算法的几个关键步骤：几何数据的拉普拉斯坐标转换、δ-coordinates 相对坐标量化，以及通过锚点选取来构造矩形拉普拉斯矩阵 $\tilde{L}$。而本节将详细讲述模型传输中视觉误差与低频误差的精确控制方法，并对本节的实验结果以及实验所需的最小二乘问题进行讨论与分析。

1. *视觉误差* S_q

在三维模型的传输中，通常采用 Hausdorff 距离来衡量重构模型与原始模型的最大不匹配度，但这种方法却不以人类视觉作为衡量尺度。由于人眼对三维模型的外观及局部细节反应敏感，因此视觉误差评价函数必须能很好地衡量重构模型的局部细节特征。可以通过计算三维模型顶点的几何拉普拉斯来衡量原始三维模型与重构模型之间的视觉误差，具体公式如下：

$$S_q(v_i) = \left\| S(v_i) - S(Q(v_i)) \right\| \tag{4.8}$$

$$S(v_i) = v_i - \frac{\sum\limits_{j \in N(i)} l_{ij}^{-1} v_j}{\sum\limits_{j \in N(i)} l_{ij}^{-1}} \tag{4.9}$$

式中，l_{ij} 表示顶点 i 到 j 的距离；$N(i)$ 表示顶点 i 的邻接点的集合；$Q(v_i)$ 是重构模型对应的顶点 v_i。由于 $S(v_i)$ 衡量了三维模型在 v_i 点的光滑程度，因此重构模型整体的视觉误差评判函数为

$$S_q = \left(\sum_{i=1}^{n} \left\| S(v_i) - S(Q(v_i)) \right\|^2 \right)^{1/2} \tag{4.10}$$

在我们提出的三维模型传输框架中，给客户端提供了 N 种视觉级别，在服务端每一种视觉级别对应一种 δ-coordinates 坐标量化精度。通过实验观察发现，δ-coordinates 坐标的量化精度对重构模型的视觉误差 S_q 有决定作用，如图 4.3 所示，犰狳模型的 δ-coordinates 坐标经 5bit 量化后，只需添加少量锚点视觉误差 S_q 值就达到了恒定值，之后再继续添加锚点，也不会对 S_q 有任何影响。然而不同量化却对视觉误差 S_q 有较大影响，若分别对三维模型的 δ-coordinates 坐标用相邻比特进行量化，通常用高比特量化的重构模型 S_q 值为低比特量化的 1/2。如表 4.2 所示，对 7 个模型分别从 3～8bit 量化，同一重构模型其视觉误差 S_q 按量化精度依次呈 1/2 递减。因此，通过将 δ-coordinates 坐标用不同的精度量化，能均匀地控制重构模型的视觉质量。

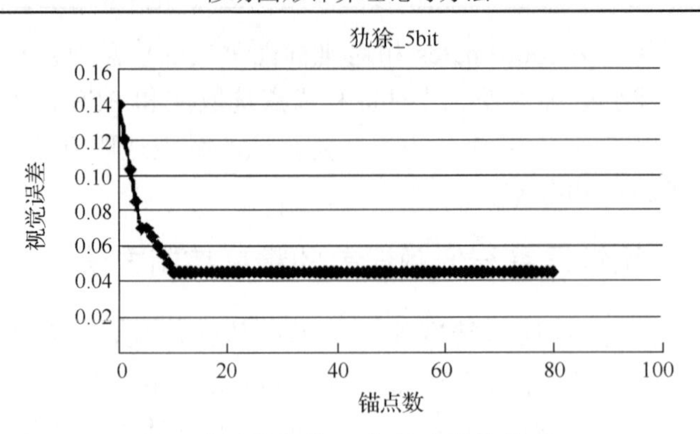

图 4.3 视觉误差 S_q 与锚点数的关系

表 4.2　视觉误差 S_q 按量化比特依次呈 1/2 递减

模型	3bit	4bit	5bit	6bit	7bit	8bit
“高兴”	0.292384	0.145319	0.0719601	0.0362221	0.0180039	0.00922926
犰狳	0.191185	0.0959732	0.048215	0.0239428	0.0121191	0.00637002
劳拉娜	0.192979	0.0970498	0.0485586	0.0244359	0.012074	0.00626471
男人	0.28551	0.147336	0.0731225	0.0368784	0.0186343	0.00928632
刀片	0.331097	0.162402	0.0805344	0.0400648	0.0201787	0.0102335
兔子	0.216798	0.107884	0.0538479	0.0270194	0.0135266	0.00680747
马	0.187957	0.0935986	0.0467686	0.0232701	0.0117256	0.00587478

2. 低频误差 M_q

下面以锚点在三维模型空间中的密集程度作为指标，研究不同密集程度的锚点分布与重构模型误差 M_q 之间的关系，这种衡量方式为不同比特量化的 δ-coordinates 坐标其重构模型的低频误差 M_q 与参数 v 之间的关系：$M_q = f(v)$。

图 4.4 中，实心圆为锚点，其余点为非锚点。其中 15 号虚线圆到锚点距离最远，拓扑距离为 3，即 v=3。蓝色线条为非锚点到距离它最近锚点的路径。

用参数 v 表示锚点的密集程度，其定义如下：在对具有 N 个顶点的三维模型采用 BFS 算法选取 k 个锚点后，非锚点个数为 $N-k$ 个，定义集合 $A=\{d_1,d_2,d_3,\cdots,d_{N-k}\}$ 表示所有的 $N-k$ 个非锚点中任意一个非锚点到离它最近锚点的拓扑距离。$v=\max(d\in A)$ 表示集合 A 中的最大值，其含义为：三维模型所有非锚点中，任意一个非锚点到离它最近锚点的拓扑距离的最大值。例如，v=3 表示任意一个非锚点，在它的 3 拓扑距离之内至少有一个锚点，如图 4.4 所示。

本节通过大量的实验发现重构模型的低频误差 M_q 与参数 v 之间的函数关系 $M_q = f(v)$ 有如下三种情况。

(1) 当 3bit、4bit、5bit 量化时，其函数 $M_q = f(v)$ 呈线性关系，由关系式 $M_q = av + b$ 表示（a、b 为未知数）。

(2) 当 6bit 量化时，有的三维模型函数 $M_q = f(v)$ 的曲线呈线性关系，而有的三维模型函数 $M_q = f(v)$ 的曲线则呈指数变化关系：$M_q = a\mathrm{e}^{bv}$。

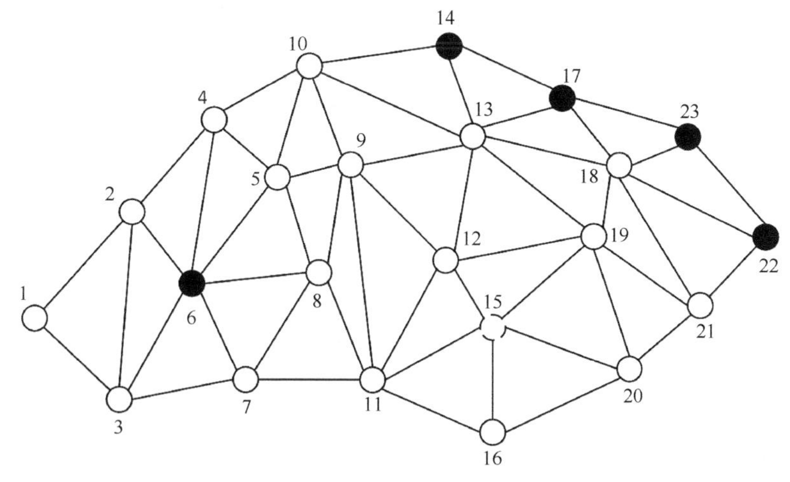

图 4.4　三维模型空间中的锚点分布图

(3) 当 7bit 或 8bit 量化时，其函数 $M_q = f(v)$ 的曲线则呈指数变化关系。图 4.5 所示为犰狳模型分别由 3～8bit 量化，低频误差 M_q 与参数 v 之间呈现的函数关系图。

综上所述，当 δ-coordinates 相对坐标的量化由低比特向高比特逐渐变化时，$M_q = f(v)$ 由线性向非线性转变，而 6bit 刚好处于过渡状态，因此有的模型表现为线性，有的模型表现为非线性。由这种转变可以看出，高比特量化的 δ-coordinates 坐标添加锚点对重构模型的低频误差 M_q 的抑制与低比特量化时相比变弱。

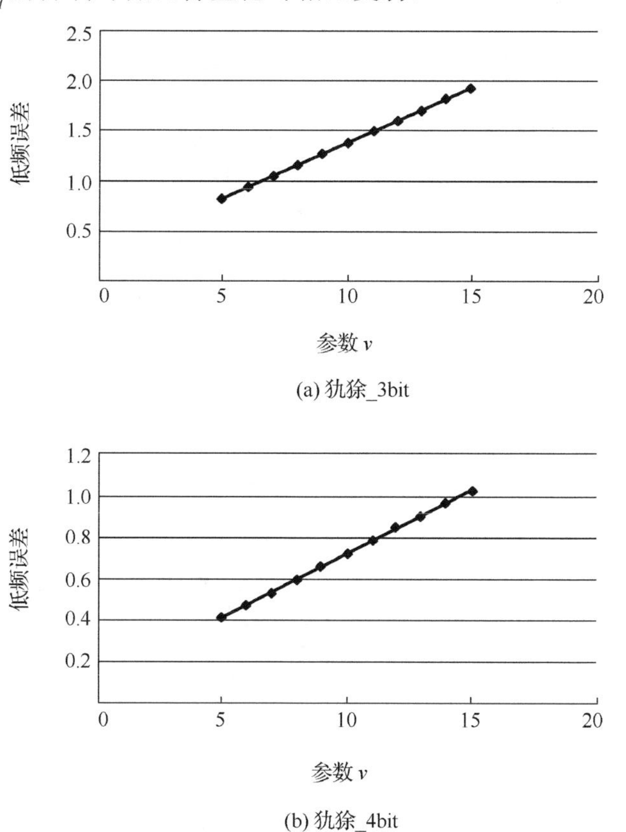

(a) 犰狳_3bit

(b) 犰狳_4bit

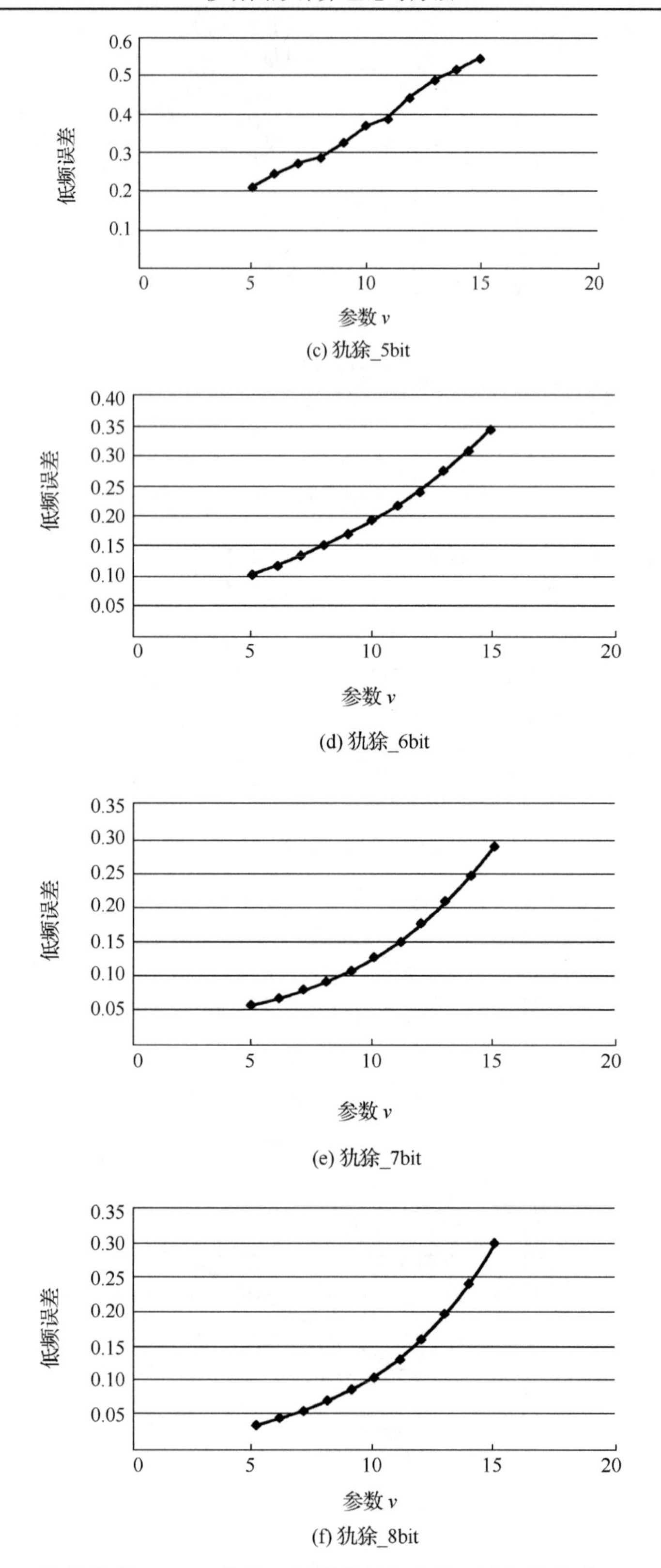

图 4.5　犰狳模型 3～8bit 量化，低频误差与参数 v 呈现的关系 $M_q = f(v)$

为了使实际所得的重构模型低频误差 M_q' 值更接近客户端所需的 M_q 值。采用贪婪锚点选取方法再添加少量锚点，用于调节实际的低频误差 M_q' 值，使 $\left\|M_q - M_q'\right\| \leqslant \delta$。

3. 实验结果和讨论

在本节提出的三维模型传输方法中，δ-coordinates 坐标由 3～8bit 量化，锚点的几何坐标用 12bit 量化。由于锚点占三维模型顶点总数的比例不高，在我们的实验中通常为 0.2%～1.5%，因此，锚点所占的传输数据量极低。

从纵向(量化角度)看，随着量化精度提高，低频误差 M_q 与参数 v 之间的函数关系 $M_q = f(v)$ 由线性向指数函数形式转变，这说明量化精度越高，锚点对低频误差的抑制作用越弱。

从横向(某一量化)看，随着矩形拉普拉斯矩阵 $\tilde{L}$ 中锚点数量的增加，平均每锚点对重构模型低频误差的抑制率降低。如图 4.6 所示，低频误差 M_q 与参数 v 呈线性关系，而锚点所占百分比与参数 v 呈幂函数关系，随着参数 v 的减小，锚点所占百分比(即锚点个数)的增加趋势变快，如图 4.6(b)所示。考虑每锚点的低频误差抑制率：

$$\frac{\Delta M_q}{\Delta \text{anchor}} = \frac{\dfrac{\Delta M_q}{\Delta v}}{\dfrac{\Delta \text{anchor}}{\Delta v}} = \frac{C}{\dfrac{\Delta \text{anchor}}{\Delta v}} \tag{4.11}$$

式中，C 为常数；anchor 为锚点个数。随着参数 v 的减小，$\dfrac{\Delta \text{anchor}}{\Delta v}$ 增大，从而 $\dfrac{\Delta M_q}{\Delta \text{anchor}}$ 的值变小。

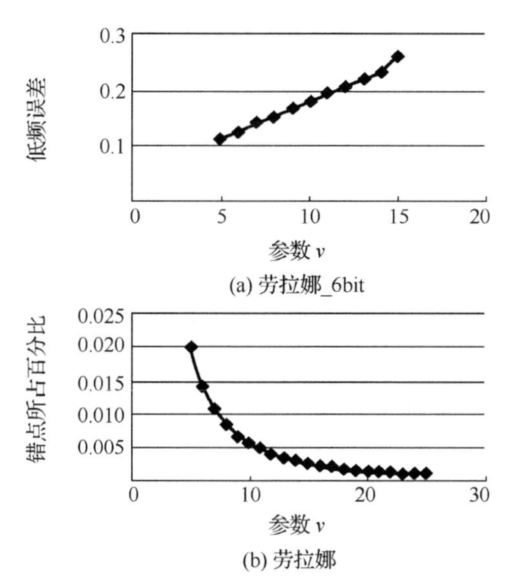

图 4.6　低频误差和锚点所占百分比与参数 v 的关系

表 4.3 中的 3 个模型分别从 3 个视觉级别对 δ-coordinates 相对坐标进行量化。由表中数据可知，不同的量化对视觉误差 S_q 和低频误差 M_q 的影响都很大；添加的锚点数量对视觉误差 S_q 几乎没影响，而对低频误差 M_q 却有明显的抑制作用，由于锚点所

占的数据量较少，因此通过添加锚点来抑制重构模型的低频误差是一种性价比较高的手段。

表 4.3　量化和添加锚点对视觉误差 S_q 和低频误差 M_q 的影响

	位	S_q	锚点数	M_q
模型（顶点数）	4	0.094567	150	0.576262
	4	0.095177	85	0.742306
犰狳（18245）	6	0.023584	150	0.149119
	6	0.023753	85	0.216208
	8	0.005979	150	0.068809
	8	0.006071	85	0.123023
模型（顶点数）	4	0.095173	52	0.570788
	4	0.095939	28	0.734122
劳拉娜（6301）	6	0.024122	52	0.156364
	6	0.024253	28	0.193878
	8	0.005989	52	0.044914
	8	0.00604	28	0.066146
模型（顶点数）	4	0.092169	38	0.551421
	4	0.093007	19	0.74991
马（4243）	6	0.02303	38	0.12356
	6	0.023204	19	0.177875
	8	0.005769	38	0.036051
	8	0.005818	19	0.054636

4. 小结

本节首先讲述了视觉误差 S_q 的定义，并从实验角度总结了 δ-coordinates 相对坐标的量化精度对重构模型视觉误差的影响。然后从锚点分布密集程度角度探讨了重构模型低频误差与锚点分布密集程度之间的关系，并通过对实验数据进行分析，总结了重构模型的低频误差 M_q 与参数 v 的函数关系式 $M_q = f(v)$ 主要呈两种形态：线性或指数型。最后详细讲述了如何精确地控制用户指定的重构模型的低频误差 M_q。

尽管本节在三维模型的压缩与传输技术方面做了一些工作，但受理论知识、实践水平以及时间的限制，本节的研究工作还存在许多不足之处。下一步的研究方向从以下几个方面考虑。

(1) 本节在量化 δ-coordinates 相对坐标方面采用了均匀量化，量化的优劣对重构模型的视觉误差有较大的影响。为了取得更好的量化效果，可以考虑更好的量化方式，如非均匀量化。

(2) 本节的方法在服务端的几何数据压缩以及客户端的解压缩方面都需要用到拉普拉斯矩阵 L，此矩阵的规模与三维模型的顶点个数成正比，尽管采用了稀疏矩阵的数据存储方式，但面对大规模的模型时，还是会影响矩阵的转换与计算效率，若将三维模型进行分块处理，可能会提高计算效率，但需要解决各分块之间的边界处理问题。

4.2　基于多视点的三维场景低延迟远程绘制方法

近年来，计算机图形学出现了一个崭新的领域：基于图像的绘制，它通过将三维图像的绘制转换为对二维图像的绘制来实现三维场景的快速绘制。传统的基于几何图形进行绘制的系统每次绘制需要浪费大量的时间在建模及渲染图形上面，适应于 PC 这些具备高运算速度及硬件支持的设备中，但手机等具有硬件限制的设备对进行大型场景绘制显得无能为力。在这样的情况下，针对手机运算能力及硬件方面的限制的问题，提出一种克服此问题的三维图形渲染方法。而基于图像的绘制能大大减少绘制所需的运算量以及硬件要求，适用于一些不具备高速运算能力及硬件支持的设备中，但同时基于图像的绘制也有图像数据庞大以及绘制方法所引起新视点图像的变形、走样问题。McMillan Jr 于 1997 年首先提出了 3D 图像变形的基于深度图像绘制的方法，该方法可以由一幅参考视点的图像和深度图像快速绘制出变换视点后的图像。Mark 等(1997)、Mark(1999)，后来又有研究者在 Jr McMillan(1997)提出的算法基础上做了进一步研究，提出了提高变形速度及图像质量的方法。

研究者结合远程实时系统思想和 DIBR 绘制的方法，提出了一种基于深度图像的远程渲染系统。这种基于深度图像的远程渲染系统将消耗大量计算及硬件能力的渲染工作交给具有大型场景渲染能力的服务器完成，客户端只需根据服务端生成的深度图和颜色图花费少量变形计算就可以得到新视点下的图像，并将生成的图像修补后显示出来。因此这种基于深度图像的远程绘制系统对客户端计算能力及硬件要求不高，极大地提高了其应用范围。但是这个系统有一个问题需要解决：服务端如何根据当前视点选择合适的参考视点以保证两视点有足够的覆盖范围，同时参考视点离初始视点的距离在一定范围内，否则生成的目标视点图像质量有较大的空洞部分，图像融合后仍存在很多空洞及采样不足的问题。

针对远程绘制系统的各种问题及不足，本节提出了三个方面的改进措施。首先，本节提出一种基于边缘的预测算法，能实时预测出当前视点的参考视点不会离当前视点过大或者过小，保证客户端交互过程中不需要频繁与服务端进行数据传输并保证了场景图像的质量。然后，本节提出了一种 Cache 算法，在客户端预先保存可能的下一步的参考视点以及前一步的参考视点，使客户端在交互过程中如果新视点超出了当前视点的范围，可将下一步参考视点作为当前视点使用，不必等待重新传输，保证了交互的流畅性。最后，为进一步提高客户端图像显示质量，本节提出一种基于空洞块的修补方法，服务端预先根据两参考视点变形到中间视点，并根据生成的中间视点图像空洞位置获得此视点下空洞处的图像信息，客户端在生成新视点的过程中将这些图像信息变形到目标视点可弥补部分空洞，提高图像质量。通过实验证明，本节提出的三种方法使远程绘制系统取得了很好的效果。

4.2.1　基于客户端服务器的图像远程绘制方法

Singhal(1999)提出的远程渲染系统最早是用于解决单个 PC 绘制渲染能力不足的问题，它的基本思想是：将消耗大量运算及硬件支持的渲染任务由具有较强渲染能力的服务端完成，服务端完成渲染后，将渲染的图像发送给客户端，客户端完成图像的显示功能。随着手机硬件的提升、计算处理能力的增强，以前只能在计算机完成的任务现在大部分可在手机上进行。其中计算机三维图形应用程序也逐渐应用在手机上，但对于渲染具有复杂模型系统的三维应用程序来说，当前手机硬件还显得能力不足。近年来，越来越多的研究者对基于图像的远程系统在手机端的应用进行了研究，取得了大量的成果，本节重点介绍基于图像渲染(IBR)的远程绘制系统。

1. 基于图像渲染的远程绘制方法

基于图像渲染的远程绘制系统中，服务端根据客户端的交互需要，直接渲染生成客户端当前视点下的图像，服务端承担了渲染程序的所有任务，客户端只需将生成的图像显示出来，因此对客户端的计算能力及硬件要求不高，极大地提高了其应用范围。根据服务端生成图像类型的不同，基于图像渲染的远程绘制系统主要分三个方向：基于图像替代物(image impostor)的远程绘制系统、基于环境图(environment map)的远程绘制系统、基于深度图(death map)的远程绘制系统。

1) 基于图像替代物的远程绘制系统

基于图像替代物的的远程绘制系统(Lamberti and Sanna，2007；Noimark and Cohen-Or，2003)是远程绘制系统最初的应用：服务器端根据客户端的交互结果更新生成当前渲染视点，并渲染得到此视点下的图像，然后将生成的图像按照指定的分辨率压缩发送给客户端，客户端将图像解码并显示出来，同时更新当前视点并将此视点发送给服务器，服务器端重新生成新视点下的图像。

基于图像替代物的远程绘制系统可以实现在渲染能力及硬件能力不足的 PC 和手机端运行 3D 大场景的功能，然而由于此系统的客户端每次交互更新都需要与服务器进行通信传输新视点下的图像，导致了客户端更新数据受到网络延迟的影响，从而增加交互时延，极大地破坏了客户端的交互感受，不能实现远程绘制在手机上的普及。

2) 基于环境图的远程绘制系统

基于环境图的远程绘制系统中服务端渲染生成的不是当前视点下的图像，而是根据当前视点的位置和方向获得此视点及其周围视点的图像，然后变形压缩生成此视点下的 360° 的全景环境图。根据变形生成的环境图方式的不同，常用的环境图主要分为以下三种：柱面环境图、球体环境图、方形环境图，如图 4.7 所示。

图 4.7　三种环境图分类

基于环境图的远程绘制的基本框架如图 4.7 所示，首先，客户端根据交互方式更新当前视点的位置和方向，并将位置和方向信息发送给服务端；然后，服务端根据收到的当前视点的位置和方向渲染其附近视点的图像，根据要生成的全景环境图的类型(柱面环境图、球体环境图、方形环境图)按照不同变形方程生成此视点下的全景环境图并发送给客户端；客户端根据当前视点的位置和方向，解压全景环境图生成当前视点下的图像。这种远程绘制系统保证收到的全景环境图可以被投影为任意视角方向下的标准图像，从而使客户端用户可以 360° 任意漫游，在此交互操作过程中，不需要服务端再传输相关图像数据，从而显著降低了交互时延。当客户端执行非旋转操作时需要重新传输图像有一定的网络延迟，为解决此问题，一些人提出使用分层环境图的方式，使该远程绘制系统减少了网络时延。然而，当用户使用此方法进行三维漫游时部分区域会产生较大的图像变形、失真现象。

3) 基于深度图的远程绘制系统

基于深度图的远程绘制系统是基于 Jr McMillan(1997) 提出的 3D 变形思想以及空洞修补算法提出的，它基于服务-客户端远程绘制系统模式框架：服务端根据客户端传来的当前视点的位置，渲染当前视点下的深度图和颜色图，客户端获取并保存服务端生成的当前视点下的图像，如果客户端当前视点不变，则直接显示当前视点下的图像，否则根据 3D 变形算法生成新视点下的图像，并根据上面提出的各种修补算法进行空洞修补。这种方法能保证当前视点在一定范围内的时候不需要传输新的图像数据，只根据参考视点的深度图和颜色图便可无延迟地生成绘制新视点下的图像。基于深度图的远程绘制系统的方法已经应用在下面的三个系统中：Kauff 等(2007) 的系统、Zhu 等(2011) 的系统、Chang 和 Ger(2002) 的系统。

2. 空洞修补算法

根据空洞产生的原因，在 3D 变形算法中存在两种类型的空洞。第一种是由当前视点覆盖范围不足引起的空洞：场景中的物体未暴露在当前视点下或者完全在当前视点范围之外。第二种是由采样不足引起的空洞。如何修补变形生成的目标视点下颜色图的空洞是 IDBR 技术的另一个重要问题，目前常见的空洞修补算法中，有的(预处理深度图、邻域边缘插值)处理效果不理想会出现图像模糊、边缘扭曲、失真等现象，有的修补方法[层次深度图(LDI)、基于深度信息和图像修补的混合修补算法]需要传输大量数据，不适用于实时绘制系统。基于多深度图远程系统的特性，本节提出了基于空洞块图像修补算法，实现对空洞的有效修复。

为解决空洞问题，本节提出一种基于空洞块修补的算法，该算法思路如下：首先，服务端将预测得到的参考视点变形到其产生最大空洞的中间视点处，并渲染各自中间视点处的颜色图；然后，根据产生的空洞图及其对应的原始图像获取参考视点的中间视点的空洞部位的图像数据，并将这些图像数据发送给客户端；最后，客户端在变形生成新视点的过程中将参考视点下的空洞数据块也变形到目标视点下获取新视点下的图像。

3. 空洞修补算法性能分析

本节创建了两个原型系统去比较获得有无空洞块修补算法时客户端的交互帧频和生成图像的误差：第一个原型系统为基于本节的基于边缘预测算法的远程绘制系统框架创建的原型系统；第二个为在此原型系统基础上增加基于空洞块修补算法后创建的原型系统。针对客户端不同的交互行为，本节对两种原型系统做三种交互方式下的实验测试：左右平移交互方式下的实验测试、左右旋转交互方式下的实验测试、前后移动交互方式下的实验测试。

在对客户左右平移交互方式下的图像绘制进行测试时，客户端只进行左右平移操作，在服务端渲染场景和预测算法相同的情况下，实验测得的客户端的交互帧频和图像质量如表 4.4 所示[使用每秒传输帧数(FPS)衡量交互帧频，使用 PSNR 衡量图像质量]。

表 4.4 使用本节算法/常规算法修补时的客户端的交互帧频和图像质量

指标	1 右移	2 右移	3 右移	4 右移	5 右移	6 右移	7 右移	8 右移	9 右移
FPS	5/5	5/5	5/5	4/5	5/5	5/5	5/5	4/5	5/5
PSNR/dB	34/20	34/28	36/32	39/37	43/36	39/37	36/37	32/25	30/21

实验数据表明：使用本节提出的基于空洞块的修补算法后，系统客户端的图像显示质量相比于使用常规的修补算法(领域插值)有明显提高。但相应地，采用本节提出的修补算法需要额外传输少量的空洞块的图像数据，有一定的网络延迟，导致客户端的交互帧频有所降低，但这种影响不是很明显，在九次交互过程中只有两帧降低，不影响交互体验。

4. 小结

本节介绍当前远程绘制系统的分类，详述三种基于图像的远程绘制系统及其不足：基于替代物的远程绘制系统、基于环境图的远程绘制系统、基于深度图的远程绘制系统。叙述了使用 3D 变形算法生成新视点下图像的空洞问题，分析了当前存在的各种解决思路及这些解决办法的不足。然后着重提出了基于空洞块的修补算法，本算法通过预先保存两参考视点的图像变形到中间视点处空洞处的像素，实现了对空洞的更有效修复。之后，本节针对采用基于空洞块修补算法和未采用修补算法的两种远程绘制系统进行了实验数据对比。

4.2.2 基于边缘预测的视点选择方法

基于深度图的远程绘制系统中，服务端渲染生成的是当前视点下的图像，其视点覆盖范围不足：如果新视点离参考视点距离过远，其变形生成的新视点下的图像就会出现难以修补的大空洞，导致客户端显示图像质量差，影响视觉体验；而如果客户端下新视点只相对原始视点移动很小的距离就重新向服务端申请传输新数据，则会相应增加交互过程中的网络时延，导致交互过程有较大时延，影响交互体验。基于此，Shi 等(2012)采用多视点融合的方法，根据特定的交互运动轨迹生成相应的参考视点，提出自己的多深度图(multi depth image)远程绘制系统。

1. 基于多深度图的远程渲染方法

传统的基于深度图的远程绘制系统中，客户端接收只是一个参考视点下的图像，在客户端交互生成新视点下的图像时，由当前参考视点的颜色图和深度图变形得到目标视点下的图像。但是在采用这种方式的远程绘制系统中，客户端生成新视点的图像会存在较大的空洞现象，影响交互体验。Shi 等(2012)根据 3D 变形算法的不足，采用多视点融合的方法来修补空洞，提出了基于多深度图的远程绘制系统的方法，使客户端生成新视点下的图像保持较高的质量。此系统的实现过程如下：首先，服务端根据视点选择算法获得当前交互运动轨迹下的参考视点集合(包括当前视点)，服务端不仅渲染当前视点下的图像及其深度图，还要渲染计算得到的各个交互运动轨迹下的参考视点下的图像及其深度图；然后，客户端根据当前视点是否改变来决定下一步的算法，如果当前视点不变，则直接将当前视点下的颜色图进行显示，否则根据当前运动轨迹下的参考视点下的颜色图和深度图及原始视点下的颜色图和深度图变形融合生成新视点下的图像。

对于客户端不同的交互运动轨迹，服务端的视点选择算法在求取参考视点时需要不同的移动方式进行计算搜索，因此在设计服务端的视点选择算法前，首先需要确定当前客户端的交互运动轨迹。总结大量交互行为，根据视点移动方式，交互行为主要分为以下几类：左右、上下平移，左右、上下旋转，前后移动，绕中心轴旋转，其对应分类如表 4.5 所示。

表 4.5　使用本节算法和领域算法修补时的客户端的图像质量和交互帧频

交互方式	交互描述
左右、上下平移	视点位置改变，朝向不变
前后移动	视点位置改变，朝向不变
左右、上下旋转	视点位置不变，朝向改变
绕中心轴旋转	视点位置不变，朝向改变

2. 视点选择算法

基于多深度图的远程图像绘制算法通过向客户端提供多个参考视点的深度图信息，使客户端能够通过变形算法直接绘制一定视点范围内的图像，从而降低服务端与客户端的交互次数与时延。该绘制算法中的一个主要难点是怎样根据当前视点选取一系列参考视点来最大化视点覆盖范围，从而减少交互时延，并解决空洞问题。

由于用户在与移动设备进行三维交互时通常具有如下两个特点：①交互方式通常表现为移动、旋转、平移和倾斜等基本交互动作，每个动作通常只需两个参考视点即可合成此运动路线上所有视点；②移动用户交互时视点的移动距离通常被限制在一定范围内。因此，对特定的移动方式 M，只需选取两个参考视点而非一系列参考视点，从而降低了参考视点选取的搜索范围。基于此，可以将遵循特定移动方式 M 的参考视点选取问题定义为：在使变形后合成图像满足一定误差率的情况下，获得此移动方式下的视点覆盖范围最大的参考点 $V_{\text{double}}(r, M)$，即

$$V_{\text{double}}(r,M)=\{v_i^M \mid \text{diff}(W^{v_s^M \to v_i^M} \cup W^{v_r^M \to v_i^M})\}<\text{err}_{\text{resp}} \tag{4.12}$$

此外，$W^{v_s^M \to v_i^M}$ 代表将参考视点的图像变形到目标视点，diff()函数用来计算变形算法合成的目标视点下的图像与原始图像的误差，err_{resp} 代表给定的误差值。基于此，Shi等根据用户交互的特点，分别设计了两种不同的参考视点选择算法来选择参考视点：第一种是基于全搜索的参考视点选择算法，此算法能够获得较为精准的参考视点；第二种是基于预测的视点选择算法。

1）基于空洞块的全搜索视点选择算法

针对远程绘制系统的参考视点选取问题，Shi 等(2012)提出了一种基于全搜索的视点选择算法。算法具体步骤如下：首先，固定初始视点 v_l，渲染初始视点下的深度图和颜色图，并将要求取的参考视点 v_r 初始设置为 v_l+2（l 为在特定移动方式 M 下移动的单位距离）。然后，根据 Jr McMillan(1997)提出的变形方程将参考视点 v_l 和 v_r 下的图像变形到中间视点 v_i（$v_l<v_i<v_r$，v_i 为从初始视点 v_l 逐次增加单位距离直到 v_r）得到中间视点图像，并将获得的目标视点图像与此视点下的原始图像进行误差比较，获得 PSNR 误差值。如果对于 v_l 到 v_r 间的所有中间视点 v_i，获得的目标图像与原始图像的 PSNR 误差值都大于一定的阈值 $\text{psnr}_{\text{resp}}$，则将参考视点 v_r 再增加一定距离继续进行上述搜索比较，否则停止搜索，返回此时的 v_r，此时 v_r 即为搜索到的最佳参考视点。

基于全搜索的视点选择算法可以精确求取满足一定 PSNR 阈值误差的参考视点 v_r，使客户端由两参考视点 v_l 和 v_r 下的深度图和颜色图变形生成的新视点下的图像与新视点的原始图像误差满足给定的 $\text{psnr}_{\text{resp}}$ 值，但这种算法需要每更新一次新参考视点 v_r，都重新变形左右参考视点 v_l 和 v_r 之间的新视点 v_i，消耗大量计算时间。为解决搜索算法时间消耗太多的问题，本节提出一种基于空洞块的全搜索算法，将生成的新视点下的空洞的大小作为图像误差的标准，这样搜索算法在搜索新参考视点时就不用渲染搜索的新参考视点下的颜色图，也不需渲染两参考视点之间的图像，大大减少了服务端的渲染次数，尤其在大场景渲染时，这种改进更为明显。

本节算法的步骤如下：首先，服务端根据初始视点绘制生成初始视点 v_l 下的深度图 d_{v_l}，并移动当前视点 v_l 特定的距离 r 得到参考视点 v_r，绘制生成参考视点深度图 d_{v_r}；然后，设置标志数组 data[] 用以标志生成新视点下图像的空洞大小，data[] 初始为零，两视点根据各个像素的深度及位置信息得到其变形到中间视点后的位置信息，并将位置处的 data[] 标志为 1，代表新视点此处无空洞；最后，通过统计标志数组中未标记部分大小（即空洞大小），检查其是否满足指定的空洞阈值，如果不满足，则增大移动距离 r，继续移动初始视点更新参考视点，直到其空洞大小满足指定阈值，此时的参考视点即为预测的最大参考视点。

此外，根据前后移动轨迹的特征，后视点的视野包含了前视点的视野，在变形得到的新视点下的图像时，后视点下的图像放大，前视点下的图像缩小。因此，针对这个特点，可采用更加快速的全搜索算法，只根据前视点的深度图来预测参考视点，每次预测只需渲染一次深度图，大大减少了预测时间。

2) 基于边缘预测的视点选择算法

针对基于全搜索的视点选择算法的预测速度慢的缺陷，Shi 等(2012)提出了基于预测的参考视点选择算法，大大减少了时间消耗。基于预测的参考视点选择算法是一种次优视点选择算法，此算法基于参考视点范围产生的最大空洞值思想(由于不采用 PSNR 值进行比较，因此不需要重新渲染中间视点的图像和后面的误差计算操作)，通过函数 $F(r)$ 累加这些空洞值作为图像误差标准，函数 $F(r)$ 定义如下：

$$F(r)=\sum_{w=0}^{W-2}\sum_{h=0}^{H-1}f(w,h,r),\quad 1<r\leqslant \mathrm{MAX}_M \tag{4.13}$$

式中，W 和 H 代表当前点下渲染的图像的宽和高；$f(w,h,r)$ 函数代表两个邻近像素 (w,h) 和 (w_a,h_a) 在变形到视点 v_i 下时产生的空洞，函数定义如下：

$$f(w,h,r)=\begin{cases}0, & h_{\max}(w,h)<1 \text{ 或 } r\leqslant i_{\max}(w,h)\\ \lfloor h_{\max}(w,h)\rfloor\cdot(I^{v_0}(\hat{w},\hat{h})-I^{v_0}(w,h))^2, & \text{其他}\end{cases} \tag{4.14}$$

式中，$I^{v_0}(w,h)$ 返回 (w,h) 位置处像素变形到新视点后在新视点视平面水平轴上的位置；$i_{\max}(w,h)$ 代表 (w,h) 处像素与其相邻像素变形到新视点产生最大空洞时新视点的移动距离；MAX_M 代表视点在 M 移动方式下允许移动的最大距离。

由于在初始视点下的相邻像素在 3D 变形之后可能不再是相邻的，而是可能相距更远的距离，这样就产生了空洞。对于每一个邻近像素对，都可以通过创建的空洞大小函数 $h(i)$ 代表像素 (w,h) 及其邻近像素从初始视点变形到新视点 v_i 时产生的空洞距离。图 4.8 显示了两邻近像素从初始视点变形到另一视点 v_i 时产生空洞的过程。

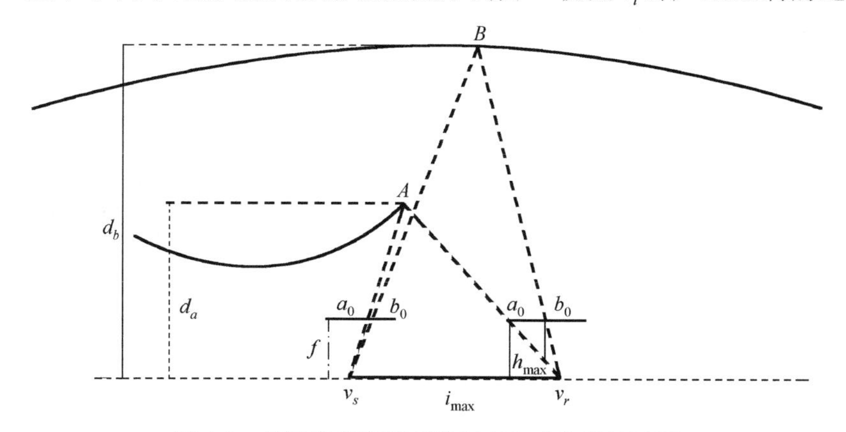

图 4.8　邻近像素变形到新视点生成空洞的过程

图 4.8 所示为场景空间内的两点 A 和 B 在 v_0 和 v_r 两个视点下，投影到各自视平面的示例，d_a 和 d_b 分别代表 A 和 B 在场景中的深度信息，a_0 和 b_0 代表 A 和 B 在 v_0 视点的视平面 x 轴上的水平坐标，a_i 和 b_i 代表 A 和 B 在 v_i 视点的视平面 x 轴上的水平坐标。如果 $b_0=a_0+1$，则 A 和 B 在 v_0 视点视平面的投影像素就是相邻的，相对应的 v_i 视点下的投影坐标可表示如下：

$$a_i = a_0 - \frac{i \cdot M \cdot f}{d_a}$$
$$b_i = b_0 - \frac{i \cdot M \cdot f}{d_b} \tag{4.15}$$

式中，M 代表视点在特定移动方式下的单位移动向量；f 代表投影中心到投影平面的距离(可理解为摄像机的焦距)。空洞大小的方程 $h(i)$ 表示如下：

$$\begin{aligned} h(i) &= (b_i - a_i) - (b_0 - a_0) \\ &= M \cdot f \cdot \left(\frac{1}{d_a} - \frac{1}{d_b} \right) \end{aligned} \tag{4.16}$$

$h_{\max}$ 代表函数 $h(i)$ 在给定的视点移动距离的范围内 $(2 < i < \mathrm{MAX}_M)$ 每对邻近像素变形后能产生的最大空洞，$i_{\max}$ 代表 $h(i)$ 取得最大值时视点的移动距离。分析空洞函数 $h(i)$ 可知，如果 $d_a < d_b$，则空洞大小会随着视点移动距离 i 的增加单调增加，并在 $a_i = 0$ 时达到最大值。因此

$$i_{\max} = \frac{d_a \cdot a_0}{M \cdot f}$$
$$h_{\max} = a_0 \left(1 - \frac{d_a}{d_b} \right) \tag{4.17}$$

根据上述公式，Shi 等(2012)提出了自己的预测算法，此预测算法的具体步骤如下：首先，根据初始视点 v_l 下的深度图中各个像素及其邻近像素的深度值，由式(4.17)获得像素变形到视点 v_r 下后产生的位置差 err，即

$$\mathrm{err} = M \cdot f \cdot i \left(\frac{1}{d_a} - \frac{1}{d_b} \right) \tag{4.18}$$

然后，如果 $\mathrm{err} > 1$，说明会产生空洞，根据式(4.18)可求得产生的最大空洞值 $h_{\max}$ 及此时目标视点 v_r 相对初始视点 v_l 的移动距离 $i_{\max}$。将此 $h_{\max}$ 和 $i_{\max}$ 保存在数组 F 中，即 $F[I_{\max}] += h_{\max}$。

最后，从数组 F 的起始位置开始累加所产生的空洞 $(H_{\mathrm{err}} += F[i])$，直到 H_{err} 大于给定的空洞阈值时停止累加。此时，$v_l + i$ 即为预测的参考视点值。

3. 实验结果和分析

本节针对提出的两种改进算法，创建了两对基于多深度图的远程绘制原型系统来比较本节提出的算法与现有技术的优劣：基于本节提出的改进的全搜索视点选择算法的多深度图绘制系统和基于全搜索视点选择算法的多深度图绘制系统，基于本节提出的边缘预测算法的多深度图远程绘制系统和预测视点选择算法的多深度图远程绘制系统。本节创建的原型系统服务端为 3.9GB 内存、2.13GHz×4 处理器的 PC，客户端为处理器为 NVIDIA Tegra 3、内存为 1GB 的联想平板电脑，网络环境为实验室内部 30 兆网络。

1) 基于空洞块的全搜索的视点选择算法性能分析

本节创建基于提出的改进的全搜索视点选择算法的多深度图绘制系统和基于全搜索视点选择算法多深度图绘制系统两个原型系统，并在服务端渲染不同场景复杂度的三维场景来分别获得实验数据。为测试在不同场景复杂度下的实验结果，本节测试了两个不同场景复杂度情况下的实验数据。全搜索算法在两种场景下的实验结果如图 4.9、图 4.10 所示。

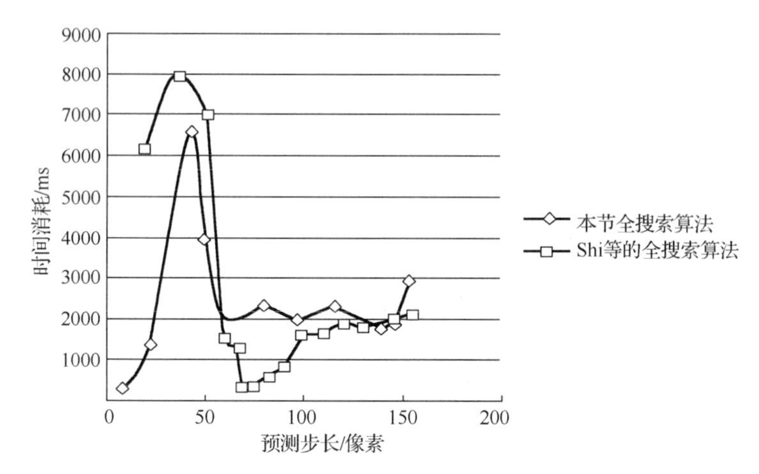

图 4.9　两种全搜索算法在三角面片为 4734 时的预测步长及时间消耗

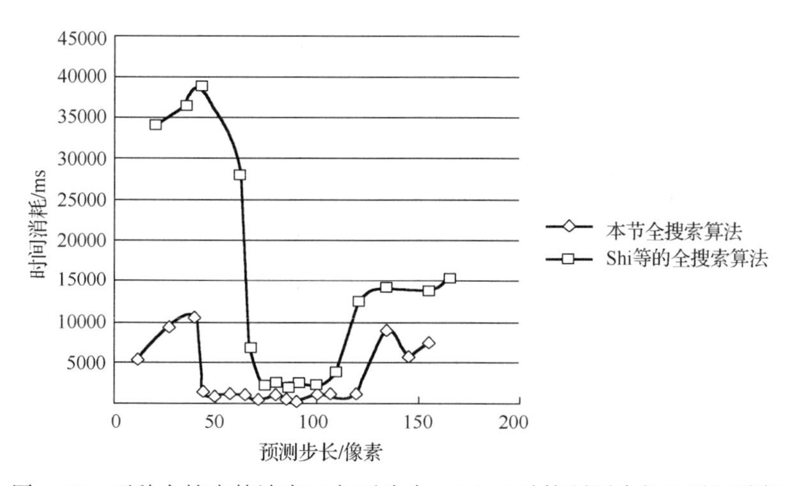

图 4.10　两种全搜索算法在三角面片为 105446 时的预测步长及时间消耗

分析结果发现，基于空洞块全搜索视点选择算法预测的参考视点的移动距离与全搜索视点选择算法相差不大，但是其时间消耗却远小于基于全搜索视点选择算法，尤其在大场景绘制中这种优势更明显，如图 4.10 所示。

2) 基于边缘预测的视点选择算法性能分析

本节测试了两个远程系统的手机绘制端在移动 150 单位距离的情况下，服务器所进行预测的次数和预测参考视点的移动距离。为测试在不同场景复杂度下的实验结果，本节测试了两个不同场景复杂度情况下的实验数据，预测算法在两种场景下的实验结果如图 4.11、图 4.12 所示。

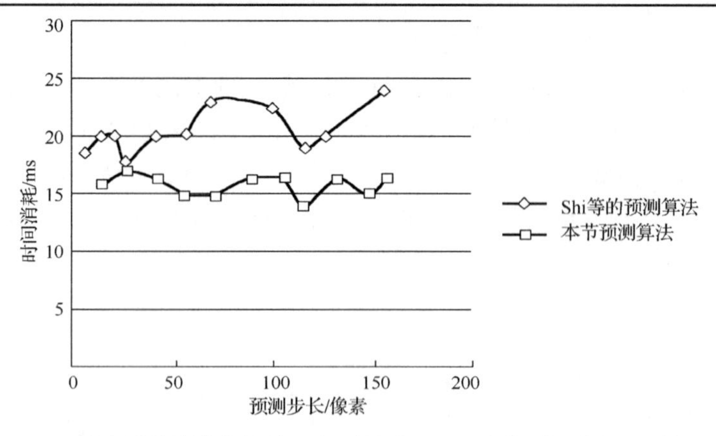

图 4.11　两种预测算法在场景三角面片为 4734 时的预测步长及时间消耗

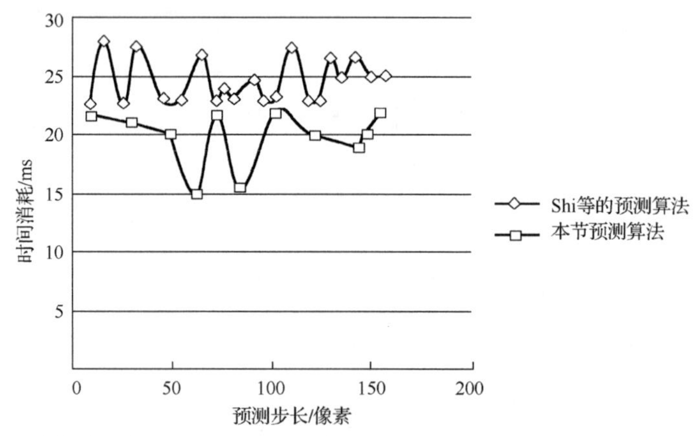

图 4.12　两种预测算法在场景三角面片为 105446 时的预测步长及时间消耗

实验结果表明，Shi 等(2012)的预测算法预测视点很不稳定，有时会出现预测视点过大的情况，导致生成的新视点图像的空洞很大，不易修补，影响用户，有时会出现预测视点距离只有几个单位距离的情况，此时虽然生成的新视点图像质量较高，但预测距离太短，服务端和客户端需要频繁交互，有较大的网络时延，而基于本节提出的预测算法的预测步长不会出现过大或者过小的情况，提高了用户的交互感受。

4. 小结

本节介绍了基于多深度远程绘制系统中服务端的视点选择算法。首先介绍了远程绘制系统中客户端交互行为的分类，然后基于全搜索的视点选择算法和基于预测的视点选择算法，最后介绍了本节提出的基于边缘缝合的视点预测选择算法和前后移动方式时全搜索视点选择算法的改进算法。

然而，其中却有一些不尽人意的地方仍然值得我们去挖掘、研究和探索。首先是客户端交互生成的新视点的图像仍有部分空洞。这里可以有两种思路来处理，第一种是对存在的空洞进行修补，在现有修补方法中，还没有一种方法能取得较好的效果。第二种是改进传输图像数据，使参考视点的覆盖范围足够大，客户端生成新视点下的图像将不存在空洞现象。针对这两种思路，本节通过两个方面去解决。首先针对空洞修补问题，本节拟通过传统的图像修补算法加上深度图的深度信息的混合修补算法去解决。

针对第二个问题，本节拟通过将 Shi 等(2012)的视点预测算法和 LDI 算法结合的方法去解决。

4.2.3　客户端 Cache 策略

各种基于深度图的远程绘制系统中，客户端在交互过程中，随着视点的不断更新，当新视点超出一定范围时，都需要向服务端重新获取新的参考视点的图像和深度图。不论基于单视点深度的远程绘制系统还是基于多深度的远程绘制系统，在客户端向服务端重新申请并获取新参考视点下的深度图颜色过程时，都需要一定的网络时延，极大地影响了用户的交互体验。为解决此问题，本节采用客户端保存参考视点图像 Cache 的方式：客户端不仅保存当前视点的参考视点下的颜色图和深度图，而且保存特定路径下其上一步和下一步的参考视点下的颜色图和深度图。

1. Cache 策略分类

由于交互运动的随意性，不同交互式的预测算法也有所不同，且不同交互方式的当前视点的下一步 Cache 视点位置也各不相同，对于具有不同交互方式的远程绘制系统，不能用同一种 Cache 策略。本节对具有左右平移、前后移动交互方式的远程绘制系统和左右旋转、前后移动交互方式的远程绘制系统分别制定了不同的 Cache 策略。

1) 基于左右平移和前后移动方式的 Cache 策略

基于多深度图的远程绘制系统在使用本节提出的基于边缘的预测算法后，可以降低交互时延、提高用户交互体验。然而，当新视点超出一定范围时，仍需要向服务端重新获取新的参考视点的图像和深度图。在客户端申请新参考并完全接收到参考视点下的颜色图和深度图前，客户端交互不能进行，此时用户明显感觉到一定的交互时延。基于此，针对左右平移和前后移动交互方式下的基于多深度图的远程绘制系统，本节提出了基于此交互方式的 Cache 策略，具体实施方式如下。

首先，服务端根据客户端传来的当前视点位置，获得当前视点下的场景的深度图，并根据深度图预测得到当前视点下 V_{lf}、V_{rf}、V_{lb}、V_{rb} 四个参考视点以及 V_{llf}、V_{llb}、V_{rrf}、V_{rrb}、V_{lff}、V_{rff}、V_{lbb}、V_{rbb} 八个参考视点的 Cache 视点。此时，服务端存有参考视点及 Cache 视点下的深度图及颜色图。

然后，服务端将预测得到的四个参考视点及 Cache 视点位置传送给客户端，并将各个预测的视点下的深度图和颜色图传输给客户端。此时，客户端保存各个参考视点和 Cache 视点的位置及深度图和颜色图。

最后，客户端根据客户交互方式，计算得到新的当前视点的位置。此时，根据新视点是否在参考视点的范围内来决定操作步骤。这里定义 V_{lf}、V_{rf}、V_{lb}、V_{rb} 四个参考视点颜色图分别为 colorLF、colorRF、colorLB、colorRB，V_{llf}、V_{llb}、V_{rrf}、V_{rrb}、V_{lff}、V_{rff}、V_{lbb}、V_{rbb} 八个 Cache 视点定义如下：colorLLF、colorLLB、coloRRF、colorRFB、colorLFF、colorRFF、colorLBB、colorRBB。

2) 基于左右旋转和前后移动方式的 Cache 策略

针对具有左右平移和前后移动方式的交互系统，通过上面的 Cache 策略可大大降低交互时延，几乎不受网络延迟的影响。然而，上述 Cache 策略却不适用于基于左右旋转和前后移动交互方式的多深度图远程绘制系统。对于左右旋转和前后移动方式的远程绘制系统来说，服务端预测得到的参考视点为左旋转参考视点、右旋转参考视点、前参考视点和后参考视点，其参考视点的四个位置为四边形，然而由于参考视点的朝向发生了变化，若仍按照上述 Cache 策略进行计算，在四边形区域内部的参考视点并不会被四个参考视点完全捕获到，导致生成的新视点图像空洞很多。为此这里提出了下面的 Cache 策略。

该 Cache 策略思路如下：首先，服务端预测当前视点的左旋转参考视点、右旋转参考视点、前参考视点、后参考视点(分别用 V_{lf}、V_{rf}、V_{lb}、V_{rb} 表示)，还有左旋转两次参考视点、右旋转两次参考视点、前移两次参考视点、后移两次参考视点四个 Cache 视点，并渲染这些视点下的深度图和颜色图；然后，服务器将各个预测的视点下的深度图和颜色图传输给客户端；最后，客户端根据交互运动获得新的当前视点值，如果新视点在参考视点范围内，使用 3D 变形技术根据参考视点图像和深度图变形合成获得当前视点的图像；若新视点超出参考视点范围，则根据 Cache 视点更新参考视点，并向服务器发出请求更新 Cache 视点的信息。

2. Cache 方法性能分析

基于左右平移和前后移动交互方式及左右旋转和前后移动交互方式，本节分别创建了客户端有 Cache 算法的原型系统和无 Cache 算法的原型系统。本节创建的原型系统服务端为 3.9GB 内存、2.13GHz×4 处理器的 PC，客户端为处理器为 NVIDIA Tegra 3、内存为 1GB 的联想平板电脑，网络环境为实验室内部 30 兆网络。当前实验环境下服务器客户端数据传输变形合成和修补图像算法的各个时间消耗如表 4.6 所示。

表 4.6　当前环境下各步骤时间消耗　　(单位：ms)

图像传输时间	变形合成时间	修补算法时间
439	218	22
318	204	18
423	193	25
326	212	13
476	220	26

本节设定的交互路径有三种：第一种是一直左右平移，第二种是一直前后移动，第三种是左右平移和前后移动逐次进行，下面分别对这三种交互方式下的原型系统进行测试。

(1)一直左右平移交互方式下的客户端的交互帧频和图像质量的实验数据如表 4.7 所示。

表 4.7　左右平移交互时有 Cache/无 Cache 版的客户端的交互帧频和图像质量

指标	1 右移	2 右移	3 右移	4 右移	5 右移	6 右移	7 右移	8 右移	9 右移
FPS	5/5	5/5	5/5	5/5	5/0.5	5/5	5/5	5/5	5/5
PSNR/dB	22/20	24/28	30/32	34/37	43/46	37/39	30/37	28/25	19/21

分析实验数据可以发现：在一直左右平移交互方式下，有 Cache 版本的客户端的交互帧频在不进行新视点图像数据更新时和无 Cache 版本的客户端的交互帧频相比几乎无变化，但在参考视点下图像数据需要更新时（移动五位单位距离时）有 Cache 版本的客户端的交互帧频仍保持不变，而无 Cache 版本的客户端的交互帧频迅速降低。此外，有 Cache 版本的客户端生成新视点下的图像质量与无 Cache 版本的图像质量相比变化不大。

(2) 一直前后移动交互方式下的客户端的交互帧频和图像质量如表 4.8 所示。

表 4.8　前后移动交互时的有 Cache/无 Cache 版的客户端的交互帧频和图像质量

指标	1 前进	2 前进	3 前进	4 前进	5 前进	6 前进	7 前进	8 前进	9 前进
FPS	5/5	5/5	5/5	5/5	5/0.5	5/5	5/5	5/5	5/5
PSNR/dB	17/18	19/20	22/25	27/29	38/39	33/35	26/23	21/22	19/18

分析实验数据可以发现：在前后移动交互路径下，有 Cache 版本的客户端的交互帧频在不进行新视点图像数据更新时和无 Cache 版本的客户端的交互帧频相比几乎无变化，但在参考视点下图像数据需要更新时（移动 0.5 个单位距离时）有 Cache 版本的客户端的交互帧频仍保持不变，而无 Cache 版本的客户端的交互帧频迅速降低。此外，有 Cache 版本的客户端生成新视点下的图像质量与无 Cache 版本的图像质量相比变化不大。

(3) 左右平移和前后移动交互方式每移动三次后进行另一种交互方式时的客户端的交互帧频和图像质量如表 4.9 所示。

表 4.9　两种交互交替进行时的有 Cache/无 Cache 版本客户端的交互帧频和图像质量

指标	1 右移	2 右移	3 前进	4 前进	5 前进	6 右移	7 右移	8 右移	9 前进
FPS	5/5	5/5	5/0.5	5/5	5/5	5/0.5	5/5	5/5	5/0.5
PSNR/dB	22/20	24/22	30/27	43/38	39/35	37/32	42/42	36/37	36/33

分析实验数据可以发现：在左右平移和前后移动两种交互方式交替进行的交互方式下，有 Cache 版本的客户端的交互帧频保持最高帧频不变，而无 Cache 版本的客户端的帧频变换交互方式时都变得特别低。此外，有 Cache 版本的客户端生成新视点下的图像质量与无 Cache 版本的图像质量相比变化不大。

总结三种交互路径下的实验结果及分析可发现：基于左右平移和前后移动交互方式的远程绘制系统在使用 Cache 策略后，客户端的总体交互帧频保持 FPS 为 5 的交互帧频，不会出现因传输图像数据而导致交互帧频突然下降的情况，保证客户端交互的平滑性，且生成图像质量与无 Cache 版本相差不大。

交互方式采用基于边缘缝合的视点预测算法，这种远程绘制系统在手机端交互时几乎无网络时延，且图像显示质量较高，但是这种交互方式只能看到左右平移和前后移动，视点的朝向是固定向前的，不能向左右旋转观看。系统运行如图 4.13 所示。

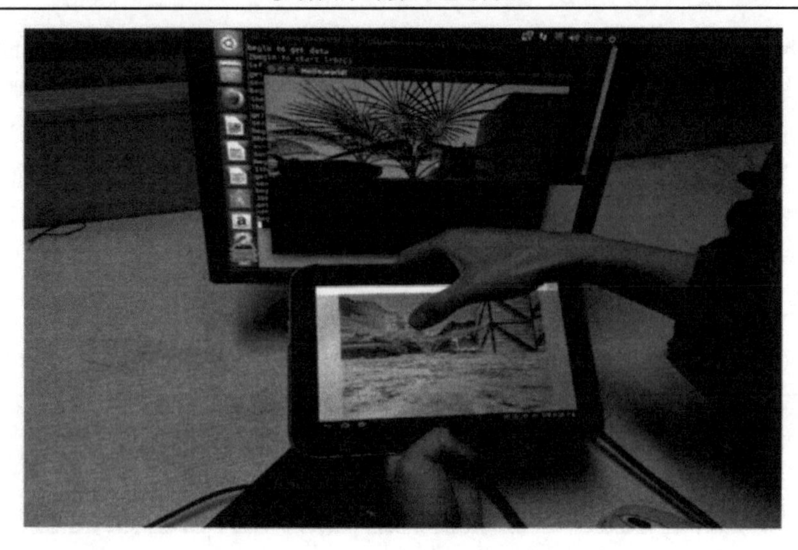

图 4.13　移动端漫游操作实例

3. 小结

本节提出了 Cache 策略，为解决客户端交互延迟问题，提出通过预先保存当前运动轨迹下一步预测的参考视点及其上步的参考视点作为 Cache 视点来提高客户端的交互帧频的方法，针对两种交互方式的远程系统分别采用不同的 Cache 策略。最后，对这两种交互方式下有 Cache 策略和无 Cache 策略的版本做了进一步对比。

第 5 章　面向移动网络的三维模型分组与传输方法

在三维模型分组与传输方面，研究者针对移动网络的窄带宽，移动设备固有的功耗较低、资源有限等缺陷，解决了若干模型传输存在的问题，保证了三维模型在移动网络中的鲁棒传输。本章主要围绕实时高效的设计目标，对面向移动网络的三维模型分组与传输方法进行研究，主要介绍面向非可靠网络的分组方法、基于视觉优化的三维模型传输与实时绘制方法以及基于预测重构模型的传输机制。

5.1　面向非可靠网络的分组方法

5.1.1　基于自适应图着色与虚拟分割的三维模型分组算法

随着无线网络的成熟及移动设备上三维图形处理能力的提高，基于无线网络的图形应用，如移动三维游戏、移动三维虚拟展示与漫游和移动增强现实系统等应用近几年得到快速发展。然而，相对有线网络，无线网络仍存在带宽有限和丢包率较高的缺陷，使得具有强烈真实感的三维场景和复杂模型无法在移动设备上实时交互传输与绘制。

针对第 1 个缺陷，可以使用三维模型压缩技术解决。已有的压缩方法主要分为两类：单一位率压缩方法和渐进压缩方法。与单一位率压缩方法如基于价的压缩方法相比，渐进压缩方法压缩率较低，在传输中需占据更多带宽资源，为了在客户端实现最佳的中间绘制效果，在给定的比特率下，渐进压缩方法需在模型的压缩率和绘制失真率两者之间进行权衡，而此项计算需耗费大量的计算代价。因此在一些移动应用中，复杂场景中的三维模型通常采用单一位率压缩方法，以便三维模型能够快速地从服务端传输到移动客户端。

为克服第 2 个缺陷，研究者提出了多种解决方法，通常分为基于网络和基于模型两大类。针对基于网络的方法，Chen 等(2005b)提出了 TCP 和 UDP 混合传输方法。在此方法基础上，3TP 方法(AlRegib and Altunbasak，2005)在使用 TCP 和 UDP 时，分别对三维模型的不同部分进行智能选择，从而改进了传输效率。然而，由于它们都采用了非可靠的 UDP，数据丢失仍然是一个未解决的问题。为有效恢复传输中丢失的数据，前向纠错码、等分错误保护、非均匀错误保护、混合非均匀错误保护和选择传输等方法被提出。然而，这些方法都会带来额外的错误恢复冗余信息，从而导致传输性能的下降。

基于模型的方法采用了另一种思路。一般来说，基于模型的方法在设计中都考虑到了模型编码中存在的依赖性问题。基于分割的方法的目标就是减少模型数据之间的依赖性，将整个模型分成多个独立的片段并进行分别编码。这样，一个分组的丢失所带来的影响被限制在其所在的片段这样一个局部范围之内。与此方法相似，Guan 等(2008)提出了基于分割的视点依赖三维模型传输机制。在此方法中，其提出了一个分析模型，用于寻找一个最佳数量的分割片段从而最小化模型的平均传输尺寸，获得了较好的传输和交互式绘制效果。对于上述基于分割的方法而言，片段之间的边界尤为重要。因此，在传输中通常对其采用冗余的错误复原编码方法，这样降低了模型编码效率。本节提出了一种虚拟分割方法，其在分割时将不考虑冗余边界编码问题。

分组的主要思想是将模型中紧密相关的顶点放入同一个分组中以降低丢包所带来的影响。有研究者将一个模型组织为一个顶点树结构，并按照宽度优先遍历方式将顶点树中的子树中的顶点打包为一个分组。然而，此方法只能捕获模型中一小片区域的依赖性。因此杨柏林和潘志庚(2007b)分别采用启发式贪婪子树和全局图等方法改进了前人的方法。此外，Cheng 等(2011)通过大量实验证明了分组的依赖性主要对模型初始传输阶段起作用，并提出了一种分组策略，其能改进模型在传输到客户端初始阶段时的绘制质量。

对于无线网络，网络存在阴影、衰落和干扰现象，造成分组的丢包率有时甚至达到了 60%以上。同时，丢失的分组通常表现为突发性和连续性。在此情况下，当选择上述分组方法时，模型的很多信息会丢失且不能正常恢复，导致移动客户端并不能获得好的重构效果。为最小化高丢包率和突发性与连续性丢包所带来的影响，Cheng 等(2008，2012)在前人的基础上提出基于几何模型的交叉分组方法。Cheng 等(2008)的文献的主要思想是将相邻接的顶点按照固定的交叉距离分散到不同的分组中。作为此文献的一个改进工作，Cheng 等(2012)设计的分组方法将网络中最大突发丢失长度考虑进去，并采用了一种与几何属性相关的不固定交叉距离的思路。通过这种交叉分组方法，连续发送分组中的顶点并将其较均匀地分散到整个模型中。此时，对于丢失的报文，客户端能够利用其相邻的未丢失的分组进行恢复。然而，此方法只是一个基于概率的交叉技术，它只能保证部分而不是所有的相邻顶点分布在不同的分组中。

本节基于一种新的交叉策略提出了一种针对压缩三维模型的分组方法，首先采用阶驱动的方法遍历三维模型，让每个顶点获得一个全局的遍历索引；其次，采用提出的虚拟分割方法将整个模型分成多个片段；之后，对每个片段进行遍历，其所包含的所有顶点被本节提出的自适应图着色方法标示为不同的颜色，此时，每个片段将被分成多个分组，而每个分组所包含的顶点具有相同的颜色；最后，从不同的部分中按照一定顺序选取分组，形成最终的分组发送顺序。

1. *方法框架*

本节将分别压缩三维模型的几何数据和拓扑数据并进行独立传输，分组方法包括 4 个阶段：全局遍历、虚拟分割、基于自适应图着色的分组和分组组装。在客户端，本节利用接收的模型拓扑数据和几何数据重构整个模型。与 Cheng 等(2012)的方法类似，本节同样保证拓扑数据能够安全地到达客户端。模型拓扑数据编码的代价仅为模型中几何数据的编码的 10%，确保拓扑信息安全传输的负载相对较少。

图 5.1 给出了三维模型的分组过程框架。在第 1 个阶段，采用基于价驱动的压缩方法全局遍历整个三维模型。此时，每个顶点将拥有唯一的全局遍历索引值，在遍历过程中记录每个顶点的度和几何信息。图 5.1(a)列出了顶点被遍历的顺序。此后，将执行虚拟分割和基于自适应图着色的分组过程。同时，利用分组组装过程构建一个有效的发送序列，从而最小化由于突发性分组丢失所带来的影响。

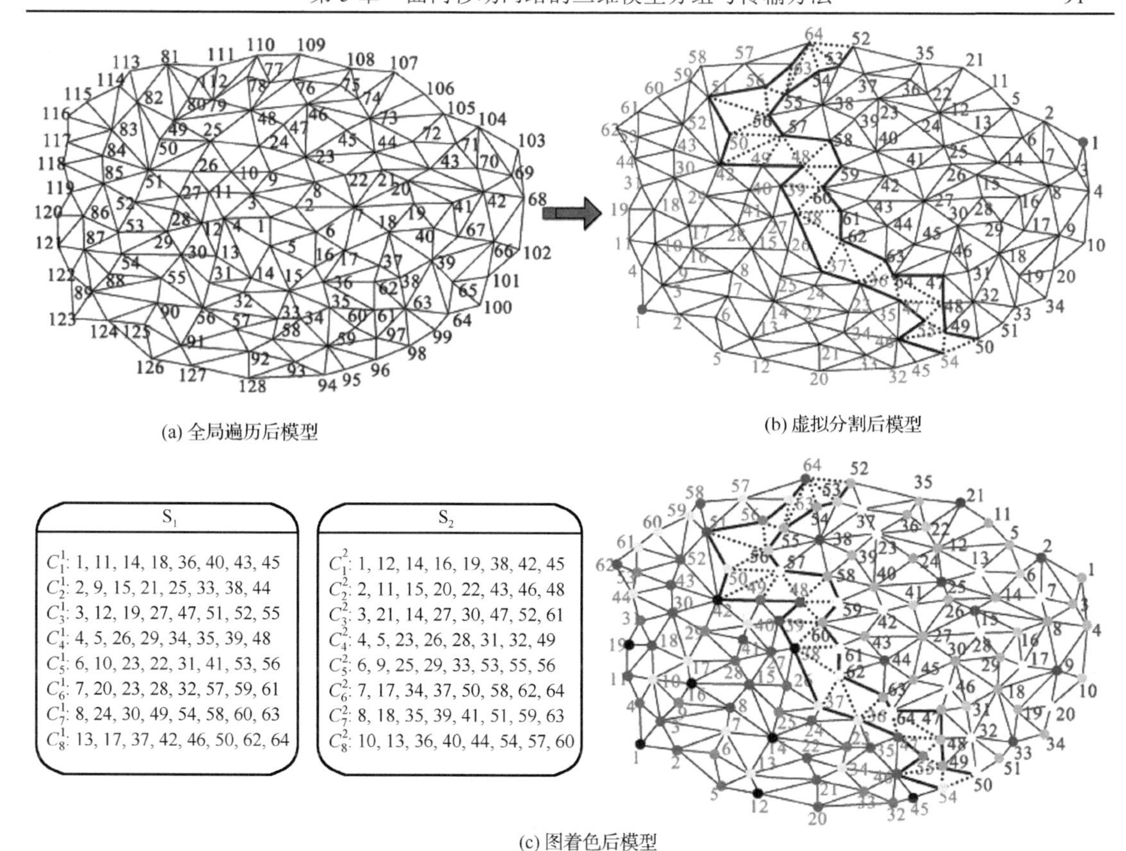

(a) 全局遍历后模型

(b) 虚拟分割后模型

(c) 图着色后模型

$C_1^1C_1^2C_2^1C_2^2C_3^1C_3^2C_4^1C_4^2C_5^1C_5^2C_6^1C_6^2C_7^1C_7^2C_8^1C_8^2$

(d) 分组发送序列

图 5.1 分组框架图

本节采用虚拟分割操作之后，模型被分为多个片段。此处，片段的个数与无线网络的突发长度相关。在虚拟分割中，首先选择多个起始种子点，之后各个种子点向各自的相邻点开始增长直到达到给定的阈值顶点个数。图 5.1(b)中模型被分割为两个片段，每个片段包含 64 个顶点，其中顶点 1 为起始种子顶点。事实上，此处的顶点遍历方法不同于度驱动遍历方法，本节将在后面的虚拟分割部分详细阐述。从图 5.1(b)可以看出每个顶点都属于某一个片段，特别是位于邻接片段中的边界线上的顶点也分别属于不同的片段。

对每个片段，本节将使用提出的自适应图着色方法执行分组操作。每个顶点被赋予不同的颜色，而那些具有相同颜色的顶点被打包到一个分组中。片段中颜色的种类决定了分组的个数。图 5.1(c)给出了两个片段的分组结果。可以看出，在每个片段中都有 8 种颜色，而每种颜色都有 8 个顶点，这 8 个顶点形成一个分组。同时，可以看出由于采用自适应图着色算法，每种颜色的顶点都均匀地分布在图中。

最后，按照一定的顺序从不同的片段中挑选出分组并且将它们组装形成最终的发送序列。假设分成 l 个块，每个块将被划分为 m 个分组，标记块 x、第 y 个分组为 C_y^x。组装顺序为 $C_1^1C_1^2\cdots C_1^x\cdots C_1^lC_2^1C_2^2\cdots C_2^x\cdots C_2^l\cdots C_m^1C_m^2\cdots C_m^x\cdots C_m^l$，分别取出每个块中相同序号的分组，并将它们形成一个发送序列，图 5.1(d)显示了两个片段所形成的最终分组发送序列。显然，连续的分组都是来源于不同的片段中，这样可以最小化由于网络的突发连续分组丢失所带来的影响。

2. 虚拟分割

本节的目标是将整个模型分割为多个虚拟片段。与一般的分割方法不同的是，本节的目的只是将各个顶点归结到各个不同的片段中，因此虚拟分割后各个片段之间并无相重合的顶点数据。

此处为了满足网络传输中分组固定大小的需要，分割算法将采用一种基于阈值的遍历算法，其根据预先已选择的种子点开始按照一定顺序对其邻接顶点进行遍历，当遍历的顶点个数达到阈值时停止遍历。下面详细阐述分割算法的目标和具体步骤。

分割算法的目标为：将整个模型 M 分割为 L 个片段：$M_1, M_2, \cdots, M_L$，要求每个片段的顶点个数相差最多 1 个。即如果模型 M 总的顶点个数为 N，那么 $N\%L$ 个片段顶点个数为 $\lceil N/L \rceil$，$L-N\%L$ 个片段顶点个数为 $\lceil N/L \rceil -1$，设阈值 $T=\lceil N/L \rceil$。每个片段 M_i 由顶点集 V_i 与三角形集 T_i 构成 $(i=1,2,\cdots,L)$。

(1) 初始化 L 个顶点集 V_i 与 L 个三角形集 $T_i(i=1,2,\cdots,L)$，所有集初始化为空并且使用队列存储实现。

(2) 选择 L 个种子(种子选取方法的具体描述如下面的种子选取部分所示)，并将它们放入相应的顶点集 V_i 中，标记这些种子为未被访问，此时每个顶点集的大小为 1。

(3) 从 L 个种子点中选择一个标记为未被访问的种子点开始进行遍历，其遍历方法如后面的遍历过程所示。

(4) 如果某个块 $M_i(i=1,2,\cdots,L)$ 中顶点集 V_i 的个数为已定义的阈值，标记该块中的种子为被访问。

(5) 重复步骤(3)～步骤(4)，直到模型 M 所有顶点与三角形都被访问。

分割算法中的种子选取与遍历过程分别阐述如下。

(1) 种子选取。

① 计算模型 M 所有顶点的几何中心，选择距中心欧氏距离最远的顶点作为第 1 个种子。

② 选择第 $i-1$ 个种子后，接下来选择第 i 个种子。找到一个 Z 值使 $S=\sum_{j=1}^{i-1}|j-k|$ 最大(j 是已选好种子 $i-1$ 中的 1 个，k 是除去已选种子的剩余网格中的 1 个顶点)，k 这个就是第 i 个种子。

③ 重复步骤②直到 L 个种子都被选出。

(2) 遍历过程。对于片段 M_i，其种子为 S_i，其对应的顶点集与三角形集分别为 V_i 和 T_i。此处采用队列形式存储，初始时顶点集 V_i 只有种子 S_i，队列的大小为 1。

① 对顶点队列 V_i 执行弹出操作，取出队首顶点 f (初次选取时 f 为 S_i)，任选一个包含此队首顶点的三角形 $t(f,u,v)$。将 u 和 v 存入顶点集 V_i，标记 u、v 为已访问。顶点集 V_i 大小增加 2，同时将三角形 $t(f,u,v)$ 存入三角形集 T_i。

② 以此队首为中心，按逆时针顺序访问下一个三角形，直至此队首顶点相邻接的三

角形都已访问完毕或者顶点集 V_i 中的已访问顶点个数达到阈值 T 或 $T-1$。与步骤①相似，将这些三角形中的顶点按遍历顺序加入顶点集 V_i 中，并标记为已访问。对三角形执行相同操作，即将其存入三角形集 T_i，标记为已访问。

③ 重复步骤①和步骤②，直至块 M_i 的顶点集 V_i 中的已访问顶点个数达到阈值 T 或 $T-1$（其中，$N\%L$ 个顶点集顶点个数为 T，$L-N\%L$ 个顶点集顶点个数为 $T-1$）或者无可访问顶点时结束。

3. 基于自适应图着色的分组方法

1) 背景与问题定义

对于分割后的各个片段，需将各个片段包含的顶点分别分配到不同的分组中。为最小化网络丢包的影响，一种有效的方法是采用基于图着色的分组方法，其能保证相邻接的顶点不在同一个分组中。

然而，当使用图着色算法进行顶点着色并分组时存在如下问题。

(1) 对某一顶点着色时，一般都是考虑其邻接顶点未使用并且编号最小的颜色。此方法对任一模型着色一般只需 4～6 种颜色即可。对于本节的分组问题而言，一般来说一种颜色对应了一个分组。如果采用一般的着色算法，每个片段只能对应 4～6 个分组。事实上一个片段需构建的分组远不止 4～6 个。因此，通常的顶点着色算法并不满足本节的分组需求。

(2) 网络传输中的分组通常都包含相同的比特数，那么对应三维模型中的每个分组也必定包含相同的顶点数。然而，一般的着色算法也并不能保证每种颜色中的顶点个数都相同。

(3) 对于本节的分组算法，需保证同一种颜色的顶点（即分组内的各个顶点）更加均匀地分散到网格中，即这些顶点的拓扑距离应该大于 1。

为此，本节提出了一种自适应图着色算法来解决上述问题。事实上，本节的方法扩展于图等分问题。算法的定义如下所示：给定一个无向图 $G=(V,E)$，其中 $|V|=N$，V 和 E 分别是顶点和边，N 是图中的顶点数量。为满足上述分组需求，算法的目标是给 N 个顶点赋予 C 种颜色，同时满足如下条件。

(1) 颜色种类 C 值是预先给定的。

(2) 每种颜色的顶点数都是相同的。

(3) 相邻的顶点颜色各不相同。

(4) 尽可能地确保相同颜色的顶点分散地分布在网格中。

2) 算法实现

本节在给某一顶点着色时，分别尝试使用其 2 邻接点、3 邻接点甚至更高层的邻接点中没有使用的、编号最小的颜色。实验发现考虑的邻接点层数越高，所需颜色种类越多。如表 5.1 所示，当考虑 1 邻接点时，对任一模型着色的颜色种类为 5 或 6 即可，而当考虑 8 邻接点时，其颜色种类超过 112。此时，在已建立的表 5.1 的基础上，执行顶点着色遍历。首先根据给定的 C 查询表 5.1，得到应该采用的邻接拓扑距离 d。对于每个邻接拓扑距离，其所对应的颜色种类是一个范围。但是，本节的分组要求必须保证 C 是一个固定数字。

表 5.1　不同拓扑距离、邻接点颜色不同时，着色算法使用的颜色种类(分组)个数

拓扑距离	模型(顶点数)					颜色种类平均值	颜色种类(分组个数)范围
	怪兽(36488)	马(4243)	狼(307)	男人(37955)	劳拉娜(25126)		
1	6	6	5	6	6	5.8	1～5
2	14	14	13	14	15	14	6～14
3	27	25	23	26	25	25.2	15～25
4	43	43	37	44	43	42	26～42
5	62	61	55	62	60	60	43～60
6	89	88	77	88	83	85	61～85
7	115	112	105	117	110	111.8	86～111
8	151	146	135	149	141	144.4	112～144

因此，本节提出一种自适应的改进着色方法。

(1) 当某种颜色的顶点个数达到 P 时，不使用该颜色，考虑下一个满足该顶点 d 邻接点的未被使用、编号最小的颜色。如果仍然没有颜色可以使用，则降低邻接顶点级数，考虑该顶点 $d-1$ 邻接点未被使用、编号最小的颜色，并且颜色顶点个数未达到 P。以此类推，直到找到可以使用的颜色。

(2) 对某个顶点着色，考虑 d 邻接点时，所需要的颜色为第 $C+1$ 种，此时采用上述相同的自适应方法，降低邻接顶点级数 $(d--)$，直到有满足条件的颜色出现。下面详细阐述自适应着色算法的步骤。

分割算法将整个模型 M 分割为 L 个片段后，每个片段 M_i 中顶点集合为 V_i，顶点个数为阈值 T。根据分组传输要求，每个分组的顶点个数为 n，那么所需分组个数为 $P=\lceil T/n \rceil$，其中前 $P-1$ 个分组顶点个数为 n，最后一个分组顶点个数为 $T\%n$。此处，用 $i(i=1,2,\cdots,T)$ 表示顶点序号；用 $C_j(j=1,2,\cdots,P)$ 表示颜色种类。

(1) 根据已知 P 值，查表 5.1 得到拓扑邻接范围 d。

(2) 从顶点集 V_i 中取出顶点 i，按照如下步骤依次赋予颜色值。

① 考虑顶点 i 的 d 邻接点，如果没有使用第 1 种颜色 C_1，则对顶点 i 可以考虑着色为第 C_1 种颜色；若颜色 C_1 已被使用，继续依次考虑后面的颜色 $C_2,C_3,\cdots,C_P$ 是否被使用，若 $C_2 \sim C_P$ 中某种颜色没被使用，则选取其为顶点 i 的着色颜色。

② 如果 $C_j(j=1,2,\cdots,P)$ 颜色都已使用完，那么考虑缩小 i 的邻接点范围，如在该点 $d-1$ 的邻接范围内给顶点 i 着色。此处，i 的邻接点范围可以逐步缩小，直至完成每个顶点 i 的着色过程。

③ 在上述两步的颜色选取过程中，若 C_j 种颜色的顶点个数达到 n，则该种颜色不再使用，跳到下一种顶点个数未达要求的颜色。

4. 实验结果与讨论

下面将比较非交叉、Cheng 等(2008)的方法、Cheng 等(2012)的方法和本节方法 4 种不同分组方法的实验结果。首先提出一个针对网格的新的分组衡量标准，并给出此尺度下 4 种分组方法的实验结果。之后，给出不同分组方法在有损突发无线网络传输后在客户端的重构绘制效果。

1) 分组衡量标准

本节提出了一种新的分组衡量标准，其能有效地判定连续发送的分组中顶点是否均匀地分布在网格中。具体分组衡量标准定义如下。

对于任意的分组流($p_1, p_2, \cdots, p_n$, n 是分组个数)，首先计算相邻接分组中各个顶点的最短拓扑距离(shortest topology distance，STD)。之后，对 $n-1$ 对相邻分组重复此计算过程。此时，可以得到多种两点之间最短拓扑距离值。最后，统计这些不同拓扑距离值的数量分布。

在图 5.2 中，分别比较了模型马[图 5.2(a)]和怪兽[图 5.2(b)]使用 4 种不同分组方法情况下各个顶点之间 STD 的数量分布情况。对于模型马，其顶点个数为 4243，每个分组中顶点个数为 80，对应的网络突发长度设置为 8。对于模型怪兽，其顶点个数为 36488，每个分组中顶点个数也为 80，对应的网络突发长度设置为 16。

为实现分组中顶点在模型中均匀分散的目标，所有的 STD 都应逼近一个较大的固定值 F，从而使各个分组之间的顶点拓扑距离接近并保持一个较大的值。即本节的 STD 分布应保持一种类似于正态分布的形式，同时这个类正态分布的数学期望 μ 应较大，而方差 σ 较小。

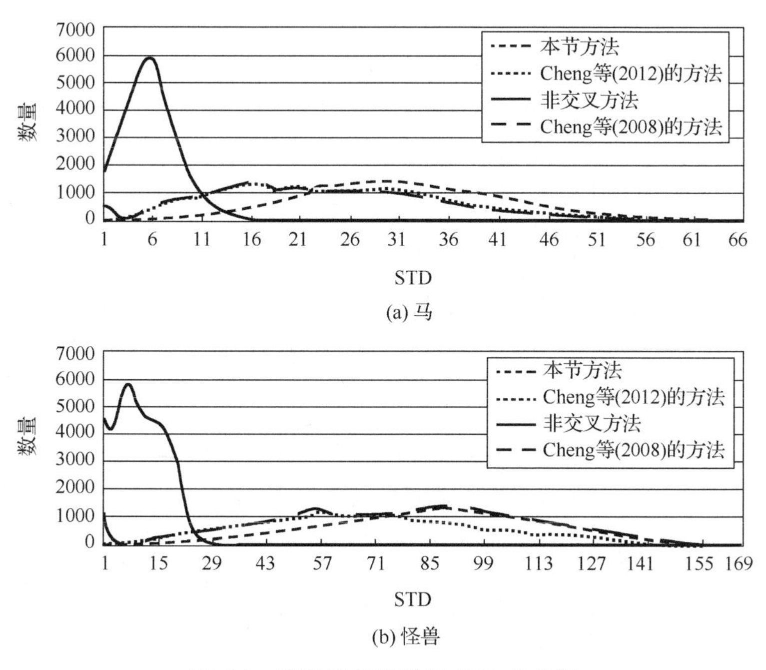

图 5.2　模型马和怪兽的 STD 分布图

从图 5.2 可以得出如下结论：对于非交叉方法，其分布并不表现为一种类正态分布形状，并且可以看出非交叉方法中大部分是较小值的 STD，如图 5.1(a)主要拓扑距离为 1～17，占据了整体的 99%左右，而较大值的 STD 只占据了 1%左右。这表明了非交叉方法分组中顶点之间的距离很近，从而也证明了采用基于非交叉的分组方法并不能使各个分组所包含的顶点较为均匀地分散到网格中。

对于基于交叉技术的 3 种分组方法，可以看出它们的分布都表现为一种类正态分布。与 Cheng 等(2008)、Cheng 等(2012)的两种方法相比，本节方法的 STD 分布图中，μ 较大并且方差σ较小。这也证明了本节的方法能够将顶点更加均匀地分散到网格中。此外，也可以看出，Cheng 等(2012)的方法由于采用了不固定交叉距离的方法，与 Cheng 等(2008)的方法相比具有一定的改进，如在较小值 STD 分布方面，克服了 Cheng 等(2008)的方法仍然存在一些较小 STD 值(特别是 STD 值为 1～3)的缺陷。

2) 重构结果

本实验使用 NS2 模拟 3G 无线网络的传输。在服务端，三维模型采用基于度的压缩方法，并且拓扑信息和几何信息被分别压缩。被压缩的拓扑信息将使用可靠的 TCP 传输，而几何信息则将采用非可靠的 UDP 传输。

为模拟 3GUMTS 无线网络的突发连续丢包特性，本节采用 Weillbull 错误模型来模拟无线信道。在实验中设置通道的整体丢包率为 30%、50%、70%。信道分组丢包的平均突发长度L设置为 2、4、8、16。

3) 重构误差

本节使用 Metro 工具计算客户端的重构模型与原始模型的差异值H。对于重构模型中丢失的部分几何数据，采用已提出的方法并对 4 个不同大小的模型进行实验，其结果如表 5.2 所示。

表 5.2　在不同丢包率和突发长度情况下，模型使用 4 种分组方法并传输后客户端重构差异值 H

模型(顶点个数)	平均突发长度L	丢包率 30%				丢包率 50%				丢包率 70%			
		非交叉方法	Cheng 等(2008)	Cheng 等(2012)	本节方法	非交叉方法	Cheng 等(2008)	Cheng 等(2012)	本节方法	非交叉方法	Cheng 等(2008)	Cheng 等(2012)	本节方法
狼(2534)	2	0.0732	0.0225	0.0156	0.0145	0.1016	0.0204	0.0245	0.0177	0.1599	0.0279	0.0289	0.0263
	4	0.1016	0.0146	0.0176	0.0134	0.2336	0.0251	0.0251	0.0181	0.1014	0.0224	0.0205	0.0195
	8	0.0435	0.0173	0.0173	0.0120	0.1175	0.0197	0.0197	0.0143	0.2336	0.0290	0.0278	0.0213
马(4243)	2	0.0429	0.0152	0.0163	0.0153	0.2018	0.0187	0.0187	0.0158	0.3938	0.0239	0.0227	0.0174
	4	0.0559	0.0207	0.0205	0.0185	0.0921	0.0210	0.0210	0.0209	0.0921	0.0236	0.0274	0.0197
	8	0.0872	0.0155	0.0213	0.0152	0.2155	0.0167	0.0167	0.0102	0.4798	0.0334	0.0269	0.0204
男人(10042)	2	0.0273	0.0305	0.0269	0.0268	0.0437	0.0374	0.0374	0.0267	0.0640	0.0394	0.0419	0.0262
	4	0.0314	0.0291	0.0332	0.0204	0.0553	0.0285	0.0285	0.0189	0.0667	0.0324	0.0420	0.0309
	8	0.0208	0.0224	0.0218	0.0190	0.0353	0.0244	0.0244	0.0212	0.0729	0.0377	0.0366	0.0253
	16	0.0312	0.0207	0.0227	0.0199	0.0449	0.0254	0.0254	0.0221	0.0486	0.0399	0.0391	0.0219
怪兽(18245)	2	0.1273	0.0121	0.0107	0.0109	0.0806	0.0132	0.0132	0.0121	0.0806	0.0151	0.0181	0.0147
	4	0.0500	0.0109	0.0135	0.0096	0.0706	0.0160	0.0160	0.0117	0.0806	0.0152	0.0158	0.0139
	8	0.0195	0.0124	0.0123	0.0108	0.1002	0.0145	0.0145	0.0122	0.1385	0.0162	0.0200	0.0127
	16	0.0414	0.0100	0.0122	0.0086	0.0714	0.0157	0.0157	0.0103	0.1162	0.0156	0.0175	0.0111

可以看出，非交叉的分组方法模型重构误差最大，特别是在高丢包率的情况下。同时，相对 Cheng 等(2008)的方法，Cheng 等(2012)具有一定改进。从整体而言，本节的方法能够获得较好的重构效果，特别是在平均突发长度L较大时，相对其他几种方法有显著提升，这主要是由于采用了虚拟分割和自适应图着色的方法，其将相邻的顶点分配到了不同的分组中，从而降低了连续丢包所带来的损失。

4) 重构渲染效果

图 5.3 是模型怪兽在网络丢包率在 70%时，区间长度(burstlength)为 8 时，4 种分组方法的重构效果。从图 5.3 可以看出，非交叉分组方法所获得的重构效果最差，而本

节的方法与 Cheng 等的两种方法能够获得较好的重构效果。这主要是由于非交叉分组方法会造成丢失的顶点大量聚集在一起，而不是与交叉分组方法一样，能均匀分散到不同区域。

为进一步比较本节的方法与 Cheng 等的两种方法的绘制细节，放大模型中的矩形区域。可以看出，本节的方法在细节上能够更接近原始模型。本节并未给出算法的计算时间和传输性能，主要原因是在服务端完成预计算并不会额外增加模型在无线网络中的实时传输时间，并且有利于三维模型在无线网络中的传输绘制效果。

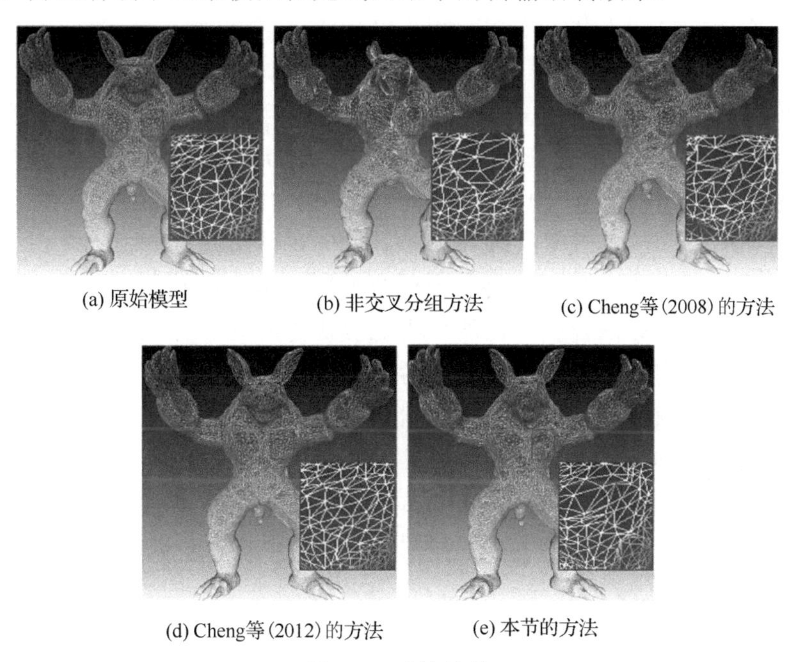

(a) 原始模型　(b) 非交叉分组方法　(c) Cheng等(2008)的方法

(d) Cheng等(2012)的方法　(e) 本节的方法

图 5.3　重构效果

5. 小结

本节提出了一种面向无线网络传输的基于虚拟分割与自适应图着色的三维模型分组方法。分组方法的目标是促使连续发送分组中的顶点能够较均匀地分散到整个模型中，从而保证丢失顶点在未丢失相邻顶点的协作下得到较好的恢复。其中，不同于典型的分割方法，本节提出的虚拟分割将模型分成多个并不是完全独立的片段，将各个顶点归结到各个不同的片段中，避免了各个片段之间的冗余编码。根据分组的实际需求，本节提出了一种基于自适应的图着色分组方法，较好地解决了模型中顶点的均匀分配问题。虽然本节的分组方法能够较好地解决无线网络中丢失报文的恢复问题，然而由于本节中对于丢失的顶点的重构采用的方法还是基于几何平均的方法，精确度并不是很高。在未来工作中，将进一步研究如何提高丢失顶点的重构精度。

5.1.2　面向非可靠网络的渐进模型分组算法

基于 5.1.1 节的背景，许多文献从网络错误控制、三维渐进模型特殊表示和上述两者的融合技术等方面提出了相应的解决方法；但是这些研究都未能充分结合三维渐进模型的特点，采用分组的方法来消除丢包所带来的影响。作为一种典型的三维模型传输表示方法，Hoppe 提出的渐进网格主要由基网格 M_0 和一系列有序的顶点分裂(vertexsplits，VSplit)操作序列组成：$\{M_0,\{\text{VSplit}_1,\text{VSplit}_2,\cdots,\text{VSplit}_n\}\}$。其中，各个 VSplit 之间存在父子依赖关系，子 VSplit 必须在其父 VSplit 解压显示完成之后才可解压显示。在网络传输过程中，若干 VSplit 被封装成 TCP 或 UDP 报文，对应的报文之间也存在着父子依赖关系。本节的报文分组机制分为 2 步：①构建非冗余有向非循环依赖图；②采用全局分步等分算法建立分组。

有人采用有向无环图来记录所有 VSplit 操作或边折叠(edge collapse，ECol)操作的依赖关系，并将其运用到多分辨率模型的动态遍历中。又有人提出了针对多三角化网格表示的动态网格有向无环图(direct acyclic graph，DAG)存储结构；也有研究者构建了存储 ECol 操作偏序关系的 DAG 数据结构。由于这两种 DAG 存在大量的冗余边，有人提出了一种存储 VSplit 操作的非冗余 DAG 结构。该结构与本节的非冗余 DAG 相似，但它仍存在两个缺点：一是它的依赖图必须在已建好的渐进网格的基础上构建；二是它判定和删除冗余边的效率不高。研究者提出了一种 3D 模型传输机制，但它在建立分组时未考虑各个 VSplit 操作之间的依赖性。也能采用宽度优先的遍历方式来搜索整个顶点树，将某些 VSplit 操作封装到某个子树中，并作为一个分组发送出去；但顶点树仅能表示整个 VSplit 操作的部分依赖关系。与本节类似，也有人采用了图论方法对渐进网格进行分组，并提出 BSub 和 GSub 局部优化方法，尽可能地将依赖程度较高的邻近 VSplit 操作封装至同一个报文。本节方法能够针对整个 DAG 依赖图对报文之间的依赖性进行全局判断，继而通过一个有效的图等划分算法来实现分组。

1. 非冗余依赖图构建

与顶点树类似，DAG 表示法是一种有效的多分辨率网格模型的数据组织结构，其中每个节点对应一个 VSplit 或 ECol 操作，有向边则表示节点之间的依赖关系。如图 5.4 所示，图 5.4(b)所示为经过一系列 ECol 操作之后的简化网格，其中 1～15 表示网格顶点，Ⅰ～Ⅸ表示 ECol 操作序号；图 5.4(c)中，点状线表示冗余边，每个节点表示一个 ECol 操作，有向边则表示节点之间的依赖关系；图 5.4(d)所示为本节算法得到的非冗余依赖 DAG。

DAG 依赖图中冗余边的判定方法如下：已知两个节点 Node_i 和 Node_j，以及它们之间的边 Node_{ij}，若依赖图中已存在一条路径连接这两个节点，则表明 Node_{ij} 为冗余路径。如图 5.4(c)中，路径Ⅶ→Ⅴ→Ⅲ的存在说明从节点Ⅶ到节点Ⅲ的路径为冗余路径。

为了消除冗余边，有研究者在已预建好的渐进网格上对节点进行冗余判断，再逐个加入依赖图。而本节的 DAG 依赖图则是在渐进网格创建过程中得到的，提高了判断冗余边的效率。

非冗余的 DAG 创建算法步骤如下：

(1) 找到当前 ECol 操作的所有相邻顶点列表。

(2) 从相邻顶点列表中获得顶点，并根据顶点相邻关系找到当前 ECol 操作的所有可能子孙边集。

(3) 从候选子孙边集合中找到当前边的真正子孙边并标记。

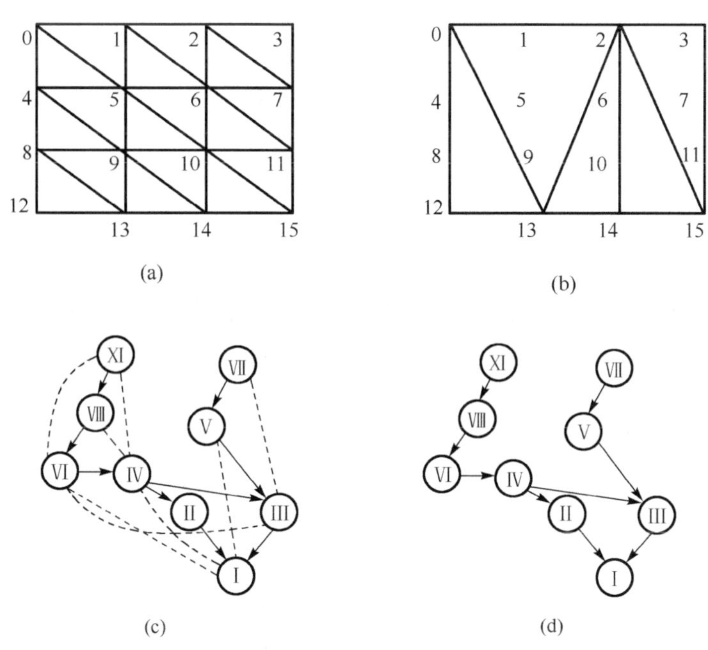

图 5.4　冗余与非冗余 DAG 对比

此算法的关键在于如何找到真正的非冗余子孙边。假定当前边 ECol(i) 所有可能的子孙边都已找到，表示为 ECol(j_1),ECol(j_2),⋯,ECol(j_n)，并且这些边与当前边的序号大小关系为 ECol(j_1) < ECol(j_2) < ⋯ < ECol(j_n) < ECol(i)。首先可以判定 ECol(j_n) 是当前边的第一个真正子节点，因为图中没有其他任何从 ECol(i) 到 ECol(j_n) 的路径；然后使用排除法来判定其他 ECol(j_i) 是否为当前边 ECol(i) 的真正子节点：若可以在 ECol(j_i) 之前找到边 ECol(j_x) 为 ECol(j_i) 的孩子，则可断定 ECol(j_i) 不是当前边的真正子节点。

2. 全局等划分分组

1) 问题的定义

本节的全局等划分分组问题是由 K – way 图等划分（K – way graph equipartition）问题扩展而来的。为了满足实际的分组需要，我们在 K – way 图等划分问题的基础上得到了全局等划分分组问题的定义。

定义 5.1　已知有向无环图 $G=(V,E)$，V 为顶点集合，顶点个数为 N，将 V 划分为 K 个子分区得到 $\{V_1,V_2,\cdots,V_K\}$，其中每个分区的顶点数目相同，为 $|V_i|=N/K$，且满足 $V_i\cap V_j=\varnothing$，$\bigcup_i V_i=V$。全局等划分分组问题就是在等划分的基础上使图中的边割数量达到最小化。

若连接某条边的两个顶点分别位于不同的分区中，则称其为边割。在该问题中引入局部循环机制，使最终划分后的子分区在给定的局部范围内是一种循环双向图，这将有助于进一步减少子分区之间的边割数量。可以看出，全局等划分分组问题与 K – way 图等划分问题的主要区别在于：前者是局部循环有向无环图，而后者针对的是无向图；前者是最小化边割数量，而后者则是最小化子图内部的边权值。

2) 全局分布等划分分组算法

与 K – way 图等划分问题类似，全局等划分问题是一个 NP 完全问题。针对 K – way 图等划分问题，有研究者试图通过各种启发式方法找到一个合理的分区方法。本节提出的全局等划分分组问题的难点在于：划分的分组必须满足分组有序性条件，即分组按照特定的先后顺序产生，以保证客户端模型的绘制是从粗糙到细致。

本节提出一种全局分步等划分分组算法(global packetization algorithm，GPA)，它不仅能满足上述分组有序性条件，而且能从全局角度出发来减少分组之间的依赖性。该算法包括初始划分和全局细化。初始划分将整图初始划分为多个子图，并确保产生的分组满足分组有序性条件；而全局细化则针对产生的初始子图通过交换操作进一步减小分区之间的分割尺寸，从而找到最佳划分。

(1) 初始划分。借鉴子树思想，提出一种改进的宽度优先子树遍历算法来遍历依赖图中的所有节点，并打包分组。首先将图的根节点放入 FIFO 队列；然后从中取某节点作为新分组的根节点，同时遍历此根节点的子图。若子图中某个子节点的所有父节点已是新分组的成员，将此子节点加入新分组中。然而此依赖图中并非只存在一个根节点，若按传统的宽度优先层次遍历算法，并不能保证访问所有节点，如图 5.4(d) 中的根节点。在改进的宽度优先子树遍历算法中，利用 GetNextRoot() 函数实现当处理队列为空时，将其他父节点放入处理队列中。

(2) 全局细化。全局细化由于宽度优先子树遍历的局限性和每个分组能包含的节点个数的限制，初始划分后节点间的分割尺寸仍然较大。类似于 KL 算法，全局细化算法的主要思想是：基于交换原则，通过交换两个不同分区之间的节点来减小分割尺寸。图 5.5 所示为初始划分后两个分区 P_i 和 P_j 之间的节点交换，其中，长虚线表示分区之间的边割，点虚线表示外部分割尺寸。如果交换 P_i 中的节点 5 和 P_j 中的节点 9，那么分区之间的分割尺寸由 3 减至 0，如图 5.5(b) 所示。此外，图中的外部分割尺寸，即非 P_i 和 P_j 之间的分割尺寸并未减小，如点虚线所示。

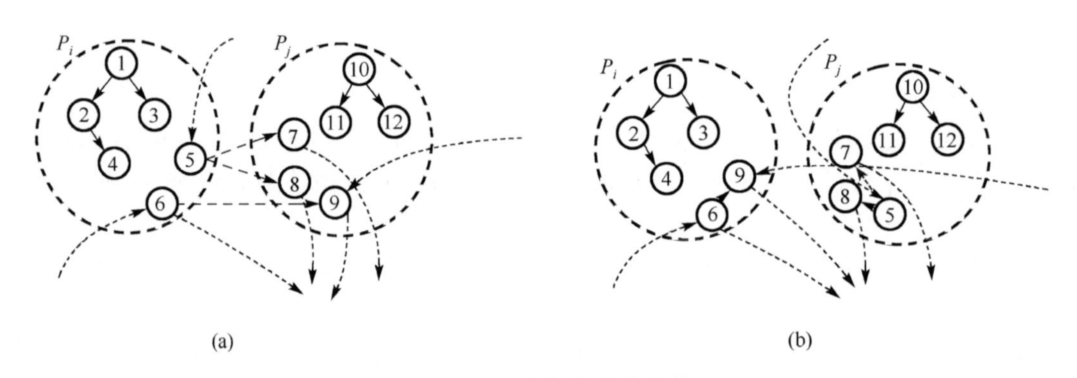

图 5.5　分区之间的节点交换

细化算法是一个迭代过程，其终止条件是依赖图的分割尺寸不再减小。单次迭代过程的主要步骤如下：

① 搜索给定子分区 P_i，并找到它的所有子分区 childList_P_i $(j>i)$。

② 在子分区 P_i 和 childList_P_i 中的每个分区 P_j 之间执行交换操作，以减小分区之间

的边割尺寸。首先得到子分区 P_i 的所有可交换节点，然后通过计算节点交换代价来决定是否执行交换。算法的关键在于可交换候选子节点寻找和交换代价的计算。

依赖图是一个有向无环图，保证节点交换前后子图之间的依赖关系不变是选择可交换节点的一个基本条件。以分组 P_i 为例，它的可交换节点集合记为 ENPI，需满足如下条件。

① $\forall i \in \text{ENPI}, i \mapsto j, j \in P_i, i \neq j, \text{ENPI} \subseteq P_i$，其中 $i \mapsto j$ 表示 i 不是 j 的父节点。

② 若 P_i 与 P_j 之间存在多个分区 $P_m(P_i < P_m < P_j)$，则同样必须保证 i 不是 P_m 中的任一节点的父节点。

综上所述，可交换节点 ENPI(i) 不能是 $P_i \sim P_{j-1}$ 的所有节点的父节点，称为 P_i 限制条件；同理，从 P_j 中选取可交换节点 ENPI(j) 的限制是 ENPI(j) 不能是 $P_{i-1} \sim P_j$ 所有节点的子节点，称为 P_j 限制条件。

在获得所有的候选节点集合 ENPI 和 ENPJ 之后，采用

$$C_{\text{swap}(s,t)} = \sum_{(a,b)\in E \wedge (a\in P_i \wedge b\in P_j) \wedge (s\in P_j \wedge s\in P_i)} w(a,b) - \sum_{(a,b)\in E \wedge (a\in P_i \wedge b\in P_j) \wedge (s\in P_j \wedge s\in P_j)} w(a,b) \tag{5.1}$$

来计算节点交换代价，得到最佳交换节点对 (s,t)。其中 $w(a,b)$ 表示边 $E(a,b)$ 的权值，此处权值为 1。式(5.1)体现了计算交换代价的理论方法，若 C 值为正，表示 P_i 和 P_j 之间的边分割尺寸减小；反之，则表示增大。C 值计算的常用方法是先交换 s 与 t，并遍历它们所在分区的全部节点，获得分区之间的边割尺寸。但这种方法的效率较低，并且会产生较多的冗余交换计算操作。本节提出一种优化的节点交换代价计算方法，通过几个简单的计算即可直接获得 C 值，即

$$C_{\text{swap}(s,t)} = -\sum C_1(a \to s) + \sum C_2(s \to b) - \sum C_3(t \to b) + \sum C_4(a \to t), \quad a,s \in P_i; b,t \in P_j; P_i < P_j \tag{5.2}$$

该计算分成 4 个子代价计算，并且避免了不必要的交换操作。其中 $a \to s$ 表示 P_i 中节点 a 是 s 的父节点。若该条件满足，则 C_1 值加 1，其他的 C 值计算以此类推。当上述交换条件满足时，交换节点 s 和 t 并标记为已交换节点；更新由节点交换所造成的相关拓扑结构改变。

(3) 局部循环-本地预缓冲策略。相对于初始划分，全局细化能显著地减小全局边割尺寸。但由于交换条件的限制，分区之间的边割尺寸仍然较大。如果除去上述限制条件，则会有更多的交换操作被执行，但此时某些子分区之间会产生环状边，即分组之间彼此依赖，客户端会因为分组的彼此等待而带来更多的时延。对此，本节提出局部循环-本地预缓冲策略。

① 服务端。在全局细化阶段弱化执行交换操作的限制条件，当

$$(P_j - P_i < \text{SN})\text{or}((P_j - P_i \geq \text{SN})\text{and}(P_{i\text{限制条件}} P_{j\text{限制条件}}))\text{or}(C_{\text{swap}} > 0) = \text{true} \tag{5.3}$$

条件满足时，节点允许交换。其中 SN 表示客户端设置的本地预缓冲区大小。节点交换的限制条件被放宽：当两个执行交换的分区之差小于 SN 并且 C 值为正时，交换操作也可以执行。经过该交换操作，DAG 依赖图就成为本节的局部范围双向循环 DAG 依赖图。

② 客户端。设计一个特殊的本地预缓冲，以存储最近接收到的分组。当缓冲区满时，

客户端取出首个分组进行绘制；同时将接收到的下一个分组加入本地预缓冲。在此机制下，由于绘制所依赖的分组都在预缓冲区中，因此环状延时问题不复存在。实验证明，局部循环-本地预缓冲策略可以大量减少依赖图之间的边割尺寸。

3) 实验结果和对比

实验采用Hoppe的渐进网格方法，其中每个VSplit操作占30B。对于最大报文为512B的UDP分组来说，一个分组包含了17个VSplit操作。本节采用TCP和UDP混合传输方式。实验设计了一个完整网络模拟器，主要包括服务端、客户端及通道模拟三个部分。其中，通道模拟采用二状态马尔可夫模型来模拟有损网络通道的丢包状态；服务端以恒定速度发送报文；由客户端完成报文的接收解压并绘制。实验中设定服务端每10ms发送一个报文，设定丢包的重传时间为100ms。在模拟器中，客户端采用FIFO队列来模拟本地预缓冲。一旦客户端在规定时间内未检测到新的报文，则将发送重传命令通知服务端重传此报文；同时，模拟器每隔1000ms统计当前客户端可绘制节点的总数。

(1) 非冗余依赖图。对图5.6所示的不同分辨率的模型，表5.3列出了使用冗余方法和本节方法所构造的DAG依赖图的有向边数。可以看出，相比于冗余方法，本节方法大大降低了冗余有向边的数量，其值仅是冗余依赖图的50%～62%。

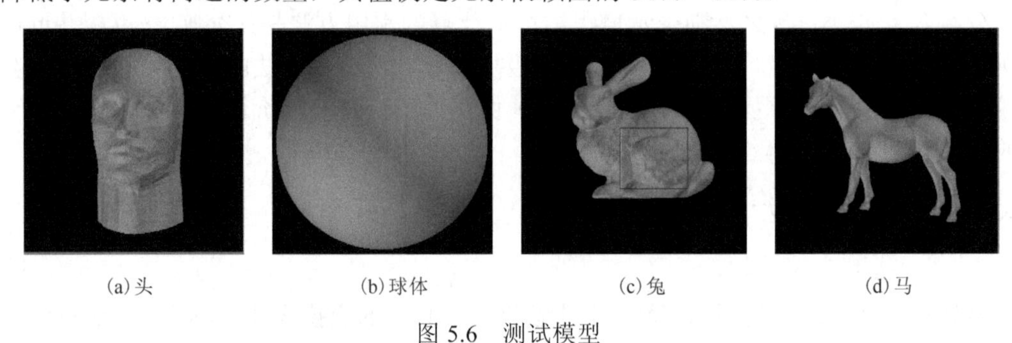

(a) 头　　(b) 球体　　(c) 兔　　(d) 马

图5.6　测试模型

表5.3　DAG的有向边数统计

模型	顶点数	边数	VSplit操作	冗余方法	本节方法
头	1487	4406	1478	4807	2941
球体	4002	12000	3998	13389	8197
兔	34834	104288	34819	122778	70945
马	48485	145449	48462	180525	97450

(2) 有向依赖图边割大小。边割大小是衡量不同的分组算法性能的重要指标，边割大小越小，则分组之间的依赖程度越低。本节实验比较了改进的宽度优先子树(IBFS)遍历、GSub算法以及本节GPA的边割大小。在GPA中，我们分别比较了本地缓冲个数为0、5、10和迭代次数为1和3时的有向依赖图的边割大小。

表5.4为各种算法的边割大小(其中LPB表示本地预缓冲的大小，I表示算法迭代次数)。相比于GSub算法，GPA总体上提高了11%～21%的边割大小压缩率；当本地预缓冲大小为10时，GPA较本地缓冲为0时提高了10%～18%的边割大小压缩率；当本地缓冲大小从5变化到10时，压缩率并没有显著提高。另外，当迭代次数为3时，GPA

所产生的边割尺寸较 1 次迭代时并无明显降低，这也证明本节算法只需迭代 1 次便可获得较好的全局优化效果。

表 5.4　各种算法的边割大小

算法	头	球体	兔	马
IBFS	2002	4816	50061	59925
GSub	1449	3982	36036	46890
GPA,1*I*,0LPB	1336	3844	33564	43418
GPA,1*I*,5LPB	1223	3710	30513	41301
GPA,1*I*,10LPB	1161	3695	30210	40804
GPA,3*I*,0LPB	1318	3799	33515	42884
GPA,3*I*,5LPB	1216	3602	30472	41011
GPA,3*I*,10LPB	1148	3581	30102	40405

(3) 可绘制节点。本节实验以兔模型为测试样本，统计使用 IBFS、GSub 以及全局分组(GPA，10LPB，3*I*) 3 种算法分别在网络丢失率为 3%和 5%的情况下的可绘制节点个数，其中兔模型包含了 34819 个顶点，将 VSplit 操作序列打包成 2048 个 UDP 分组。为了体现公平性，3 种算法的实验都是在相同的丢包率和丢失报文分布状态下进行的。

图 5.7 所示为在报文丢失率(loss rate)分别为 3%和 5%时，3 种算法得到的可绘制节点个数的变化。当丢失率为 0 时，3 种算法的变化相同；当报文丢失率为 3%和 5%时，3 种算法在同一时刻的可绘制节点数目不同，而本节算法在同一时刻能够产生更多的可绘制节点。图 5.8 所示为 3 种不同算法在丢失率为 5%、绘制时间为 20s 和 30s 时，兔模型中部分区域(图 5.6 中兔模型的黑色框区域)的绘制效果。可以看出，GPA 可以绘制较多节点，得到较好的视觉效果。从整个绘制期来看，GPA 可以较好地避免因报文丢失而导致的客户端绘制等待和时延，从而达到较流畅的绘制效果。

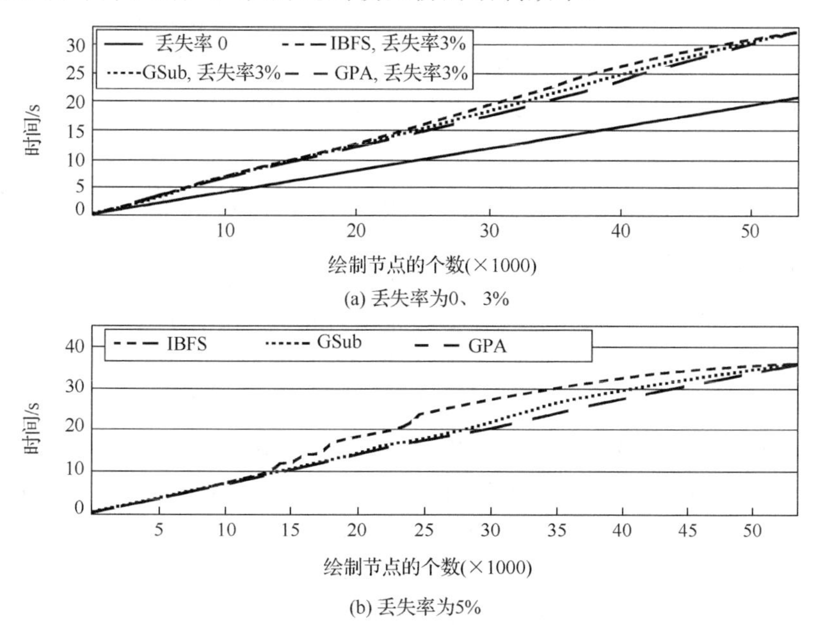

图 5.7　不同算法在不同报文丢失率时的可绘制节点个数

此外，由于本节算法最大化地降低了分组之间的依赖性，丢失的分组所包含的 VSplit 操作信息对后续接收到的 VSplit 操作的重构影响将大大减少，因此若某个分组丢失，在没有执行重传操作之前，本节算法仍能够较好地重构出大部分报文，使可绘制节点个数最大化。

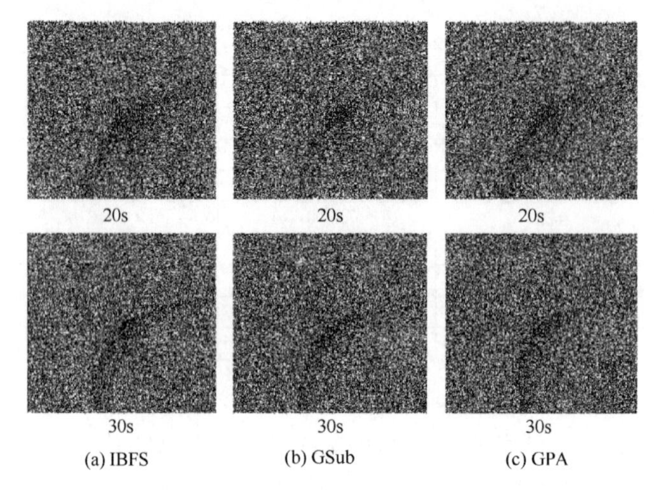

图 5.8　不同算法客户端两个不同时刻接收到兔模型绘制效果

3. 小结

本节提出了一种在有损网络中传输 3D 渐进模型的有效分组方法，其中的非冗余 DAG 依赖图可以显著减少有向边，节省内存空间，以降低计算复杂度，并且间接提高了下一步全局分步分组算法的性能。本节提出的 GPA 包括初始划分和全局细化两个阶段，保证了模型以先粗糙后细致的顺序来绘制并最小化分组之间的依赖性。虽然本节的分组方法能较好地解决非可靠网络中 3D 模型的传输和绘制问题，然而丢包重传的时间开销仍然较为严重。在今后的工作中，我们将进一步研究选择重传机制，根据丢失报文的重要性进行判断，决定重传、本地重构或者丢弃。此机制可以减少丢包所造成的重传次数，节省有限的非可靠网络带宽，从而进一步降低客户端模型的绘制等待时间。

5.2　基于视觉优化的三维模型传输与实时绘制方法

近几年来，各种面向三维模型的传输和实时绘制技术得到了研究者的广泛关注。典型的如三维模型的渐进编码传输技术，该技术能根据客户端用户对模型的质量需求，将不同分辨率的层次模型从服务端渐进式地传输到移动客户端，从而最大化地减少网络中的传输数据量。为满足接收模型的视觉最优化，简化时所采用的误差评价尺度则是减少简化模型与原模型的误差的关键，如二次误差测度(quadric error metric，QEM)、改进的 QEM、基于体积和面积变化、网格模型平方体积变化等。然而，由于上述方法都是从纯几何角度考虑，在模型简化时视觉重要显著性区域并不能得到较好的保留。

为解决此问题，从视觉优化角度出发的模型简化方法近年来得到了研究者的关注。有人提出利用视觉对比感知度 CSF 模型实现基于视觉驱动的模型简化算法；也有人提出利用视觉感知心理学模型来控制模型的简化，并将此研究成果扩展到光照纹理化模型中；有研究者则通过模型重要性图的构建实现模型表面的可视掩码计算，并利用其完成纹理化模型的大幅度简化。然而，上述相关算法的主要缺陷在于它们在简化时并没有考虑模型本身的几何拓扑性，而是主要利用了光照和纹理等信息完成模型的简化。为此，有研究者提出显著性网格思想，并应用于模型简化中。此方法结合模型的几何特性如顶点曲率，利用“中央-周边”机制实现模型视觉上显著性区域的区分。然而，由于在执行 DOG(difference of Gaussian)算子操作时所获得的样本顶点并不能覆盖相邻的所有有效顶点，从而导致取样误差。同时，此方法对获得的多尺度下的特征图只是进行了简单的融合，因此不能在视觉显著性区域获得模型中的细节视觉信息。本节则针对上述缺陷提出了改进的网格显著性计算方法。

相关研究者提出了若干适用于移动设备的模型简化和渐进传输方法，获得了较好的效果。然而，当渐进模型传输到移动客户端时，上述方法需要进行耗费资源的本地重构计算，造成客户端绘制的等待。尽管有效的重构技术能够改善这种情况，但仍然需消耗大量客户端资源，这对低性能的移动客户端而言是不适合的。为此，利用较为成熟的视频和图像编码传输技术，将三维模型的编码与绘制转化为图像或视频的编码与绘制，能够有效地减少网络中传输的数据量，从而解决三维模型在移动客户端中的绘制问题，如 MPEG-4 视频编码方法与 JPEG 2000 图像压缩编码和传输方法。然而，由于此类方法传输到客户端的都是图像，并且所有数据都依赖于服务端，在移动电子商务中的三维模型全方位展示等实际应用场合中并不适用，缺乏客户端的操作灵活性。

Cheng 和 Basu(2007)首次从视觉优化的角度提出了适应无线网络的三维模型传输技术，而有人则针对特定的植物模型，利用量化植物不同部分视觉贡献的方法对模型进行分块传输。该文献提出的主观视觉标准仅考虑了纹理数据和模型几何数据的分辨率组合问题，并没有深入几何模型本身的视觉标准尺度。而且相关研究也只是针对特定的植物三维模型进行传输的效果较好，并不具有普遍意义。

本节首次提出一种改进的基于视觉显著性区域判定模型的三维模型简化算法。算法在显著性区域的计算中提出一种三维本地窗口计算方法和加权融合技术以提高显著性区域的判定准确性。同时，算法通过提出的塌陷队列的快速建立和塌陷记录栈结构等优化技术完成多分辨率简化模型的快速构建。然后，本节在此基础上提出并实现了一种在无线网络环境下，面向移动设备的多分辨率三维模型交互式传输的实时绘制方法。通过有效的模型编码方法，保证模型数据能够快速传输到移动客户端。另外，算法将所有的计算任务都集中在服务端完成并删除耗时的本地重构计算，因此客户端仅需要进行底层的绘制计算，极大地减少了三维模型在客户端的绘制等待时间。

5.2.1　基于网格显著性计算的多分辨率模型构建

为实现移动客户端三维模型任意分辨率的连续绘制，算法必须在服务端对模型进行简化并构建多分辨率模型。本节首先介绍算法中创新性地提出的一种高效网格显著性区域计算模型。

1. 网格显著性计算

本节提出的显著性区域计算方法采用了计算机视觉中的“中央-周边”机制，从而能够准确地标识出网格中不同于其他部分的视觉显著性区域。算法总体实现步骤如下。

(1)计算网格中每个顶点 V_i 的平均曲率(mean curvature，MC)。

(2) 定义每个顶点 V_i 的三维本地窗口，选择与 V_i 相邻接的顶点集合 $\mathrm{NS}(V_i)(i=1,2,3,\cdots,n$，$n$为网格顶点数)。

(3) 根据 $\mathrm{NS}(V_i)$，计算不同尺度下顶点 V_i 的高斯加权平均 $\mathrm{GW}(V_i)$。

(4) 计算顶点 V_i 相邻两个尺度下 $\mathrm{GW}(V_i)$ 的差 $\mathrm{DGW}_{j,j+1}(V_i),(j=1,2,3,\cdots,m$，$m$为层次数)，从而得到多个不同层次下的特征图(feature map)。

(5) 对多个不同尺度下的几何特征图进行加权多层融合，获得各个顶点 V_i 的显著性值 $S(V_i)$。在计算不同尺度下每个顶点的高斯加权平均值之前，需选择与本顶点 V_i 相邻接的顶点集合 $\mathrm{NS}(V_i)$。然而，由于网格通常并不规整，且经常出现一些狭长区域，导致某些有效顶点不被包含在集合 $\mathrm{NS}(V_i)$ 中，导致采样值误差较大，从而不能有效表示顶点所有相邻顶点的曲率信息。在图 5.9 中，离顶点 V 距离小于 r 且相邻接的只有 3 个顶点(图 5.9 中的黑色顶点)，而与 V 直接相邻接的其他顶点(如图 5.9 中的空心顶点)，并没有包含在集合 $\mathrm{NS}(V_i)$ 中。特别是，三角形 $VV'V''$ 较为狭长，顶点 V' 就没有包含到集合 $\mathrm{NS}(V_i)$ 中。

为了消除上述方法的不足，本节提出了一种三维本地窗口计算方法。以每个顶点 V_i 为中心，绘制一个半径为 r 的球体。定义三维本地窗口 $W_r(V_i)$ 为所有距离此顶点距离为 r 的原始网格顶点 $V_k(k\in N$，N 表示顶点个数)(如图 5.9 中黑色的顶点)及其与此球体边界相交点 $P_l(l\in N)$(如图 5.9 中的三角形)。此时，集合 $W_r=V_k+P_l$，三维本地窗口计算方法能更加精确地反映顶点 V_i 周围顶点的曲率信息。

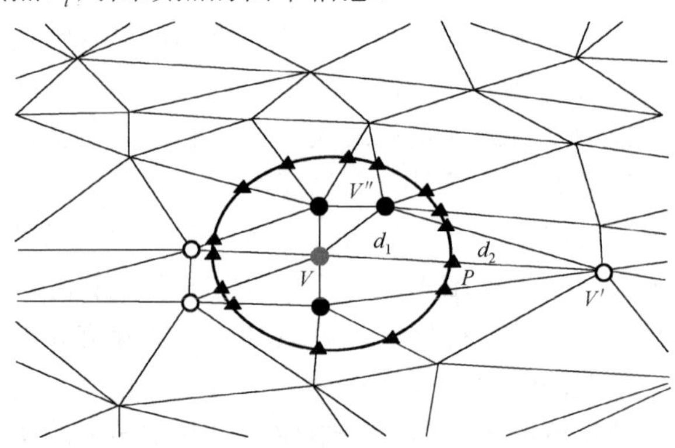

图 5.9　三维本地窗口计算

通过插值方法获得 P_l 的曲率值，如式(5.4)所示：

$$\mathrm{MC}(P_l)=\frac{d_2}{d_1+d_2}\mathrm{MC}(V)+\frac{d_1}{d_1+d_2}\mathrm{MC}(V') \tag{5.4}$$

据此，以 W_r 为窗口的每个顶点的高斯加权平均值 $\mathrm{GW}(V_i)$ 可通过式(5.5)计算得到：

$$\mathrm{GW}(V_i,r)=\frac{\sum_{x\in W_r}\mathrm{MC}(x)\exp\left[-\|x-V_i\|^2/(2r^2)\right]}{\sum_{x\in W}\exp\left[-\|x-V_i\|^2/(2r^2)\right]} \tag{5.5}$$

变化 W_r 窗口的 r 值进行每个顶点 V_i 的多尺度高斯加权平均计算。r 值的大小直接影响了 W_r 窗口中有效采样点的计算。

首先，设定 $A(T_i)$ 为模型中所有三角形的面积平均值。然后设定一个等边三角形 ET，其面积等于 $A(T_i)$，并计算得到 ET 的外接半径 cr。最后定义半径 r 为 $r=\sigma 2^s$，其中

$\sigma \in \{1,2,3,4\}$ ， $s \in \{\mathrm{cr}, 2\mathrm{cr}\}$ 。此时，算法设置了 4 对滤波窗口 FWP，分别是 $\{2\mathrm{cr}, 4\mathrm{cr}\}$ 、 $\{4\mathrm{cr}, 8\mathrm{cr}\}$ 、 $\{6\mathrm{cr}, 12\mathrm{cr}\}$ 、 $\{8\mathrm{cr}, 12\mathrm{cr}\}$ 。

对不同尺度下顶点的 $\mathrm{GW}(V_i)$ 执行差分操作，共获得 l 个不同尺度下的特征图 $\varPhi$ ，在实现中设置：

$$\varPhi_l(m,n) = \left|\mathrm{GW}(V_i, r_m) - \mathrm{GW}(V_i, r_n)\right|, \quad (r_m, r_n) \in \mathrm{FWP} \tag{5.6}$$

在获得多个尺度下网格的特征图之后，算法对它们分别进行非线性压制归一化 $N(\cdot)$ 操作，即对显著性区域和非显著性区域进行非线性放大。本节提出将每个顶点的平均高斯曲率与各个层次的归一化特征图进行加权融合的计算方法。如式(5.7)所示，通过调整权值 α 和 β_j 获得不同的顶点显著性特征值 $S(V_i)$ ，并最终形成显著性特征图：

$$S(V_i) = \alpha N(\mathrm{MC}) + \sum_{j=1}^{l} \beta_j N(\varPhi_j) \tag{5.7}$$

图 5.10 给出了怪兽模型和劳拉娜模型的显著性特征图。从图 5.10 中可以看出：①曲率图只是反映了几何的变化值，并不能捕获视觉显著性区域，如其并不能获取怪兽模型的膝盖部分；②顶点的显著性值是随着尺度 l 变化的，如图 5.10(b)所示，它所获得的显著性区域较大，但并不精确。

实验结果显示，算法在怪兽模型中，除了获得膝盖的显著性区域外，还获得了腿部凸起的小包。在劳拉娜模型中能够得到清晰的鼻梁、嘴巴、眼睛等边界信息。图 5.10 中第 1 行为怪兽模型，第 2 行为怪兽模型的腿部放大图，第 3 行为劳拉娜模型。

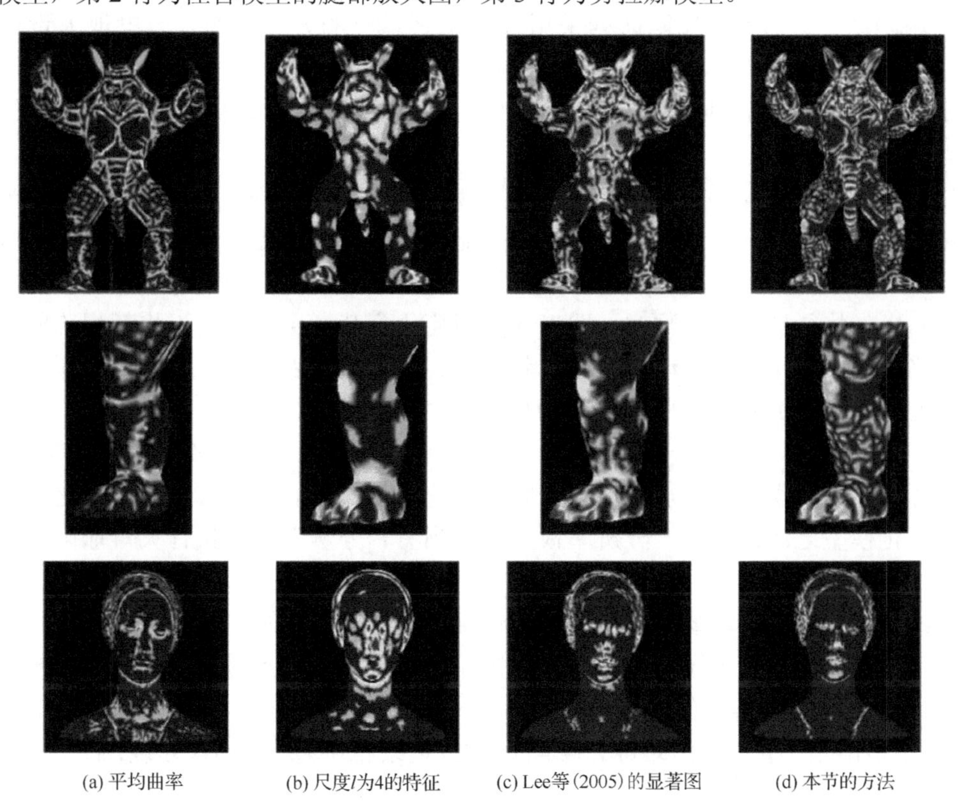

(a) 平均曲率　(b) 尺度l为4的特征　(c) Lee等(2005)的显著图　(d) 本节的方法

图 5.10　不同方法的特征图比较

2. 算法实现与优化

在得到网格每个顶点的$S(V_i)$之后，可将它与QEM简化方法结合，形成模型简化的最终标准，促使视觉显著性顶点充分保留而非显著性顶点被提前删除。算法设计了一个权值方案以调整每个顶点的二次误差值Q，如式(5.8)和式(5.9)所示：

$$W(V_i)=\frac{1.0}{1.0+I(V_i)^{\beta}} \tag{5.8}$$

$$I(V_i)=\begin{cases}\lambda S(V_i), & S(V_i)\geqslant\alpha\\ S(V_i), & S(V_i)<\alpha\end{cases} \tag{5.9}$$

在式(5.8)中，$I(V_i)$是每个顶点的显著性重要权值，而β可用来调节视觉显著性在整个模型简化尺度中的相对重要程度。此外，为了获得较好的简化效果，本节对$S(V_i)$执行非线性放大操作，即当顶点的$S(V_i)$大于某个临界值α时，对其乘以某个固定值进行放大，从而使这些显著性顶点在简化时保留时间更长。在实现中，α为模型总顶点数的30%，β为2，λ为100。

之后，算法初始化塌陷队列，重复执行塌陷操作以引入新的顶点和边对，建立完整塌陷队列即顶点分裂操作列表。同时，为满足交互式快速绘制的需要，引入了塌陷记录栈和分裂记录栈两种数据结构。

(1)初始化塌陷队列。根据得到的顶点误差度量值选择边对，按照误差度量值的大小建立塌陷队列。通常，塌陷队列采用优先队列(堆)的方式组织，当出现大量边对的时候，实验结果表明插入操作较慢，影响整体算法性能。本节采用了动态数组结构，不同于优先队列的是，排序是在所有边对全部插入后才进行，从而节省了整体的排序时间。

(2)执行塌陷操作，构建完整塌陷队列。从初始化塌陷队列中，找到误差度量最小的塌陷边对进行塌陷，产生新的顶点和边对。显然，新顶点和边对会影响整个动态数组的排序。因而算法采用一种动态塌陷排序方法，即并不对塌陷队列马上重新进行排序，而是当塌陷操作执行到一定次数时，即对应模型简化到某一层次时，再将新塌陷的顶点放置于塌陷队列的末尾，并对动态数组重新排列。实验结果表明此方法可以将塌陷速度提高30%左右，同时并不影响整体模型简化效果。

(3)引入塌陷记录栈和分裂记录栈。实现客户端对不同分辨率模型的实时交互绘制，要求服务端能够提供不同分辨率模型之间的快速转化。然而在已有的模型简化方法中，当建立简化模型之后，从某一分辨率模型转化到另一分辨率仍需执行大量塌陷和分裂操作计算。

为此，算法提出了塌陷记录栈和分裂记录栈两种数据结构，并在第一次执行模型简化和细化过程中记录每个塌陷操作和分裂操作，并将其记录到塌陷栈和分裂记录栈中。当模型需进行不同分辨率的切换时，只需要在塌陷记录栈和分裂记录栈中取出相应记录，并进行相应的绘制操作即可。塌陷(分裂)记录栈中每个塌陷(分裂)记录的定义如图5.11所示。

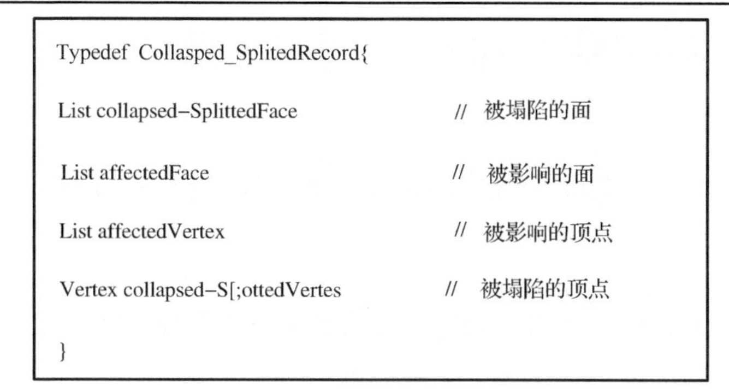

```
Typedef Collasped_SplitedRecord{
List collapsed−SplittedFace          // 被塌陷的面
List affectedFace                    // 被影响的面
List affectedVertex                  // 被影响的顶点
Vertex collapsed−S[;ottedVertes      // 被塌陷的顶点
}
```

图 5.11　塌陷记录栈中塌陷(分裂)记录

5.2.2　渐进传输与实时绘制

利用 5.2.1 节中提出的基于视觉优化的模型简化算法，本节介绍一种在无线网络环境下面向移动设备的三维模型快速传输与实时绘制方法，通过对模型进行的有效编码方法及有效的计算任务分配和绘制策略，实现了在低性能的移动客户端与服务端上的实时绘制。

1. 三维模型传输编码方法

在阐述本节的传输编码方法之前，有以下两个基本事实。

事实 1：三维网格由顶点拓扑信息和几何信息两部分构成。从两者所占据的存储空间方面来说，通常几何信息只占据整个三维几何模型的一小部分。表 5.5 列出了本节中以典型的 PLY(Stanford polygon file)格式存储的实验模型的拓扑信息和几何信息比例。

表 5.5　测试模型几何信息和拓扑信息比例分布

测试模型	模型顶点数/(总数据量/Kbit)	几何信息所占比例/%	拓扑信息所占比例/%
劳拉娜	14499/1334	32.5	67.5
兔	20376/2963	32	68
狮子	64538/4876	35	65
怪兽	350298/12282	33	67

事实 2：完成一个三维模型的绘制，必须获得实际需绘制顶点的几何信息和拓扑连接信息。在 OpenGLES 等图形绘制库中，为加速模型的绘制速度，通常采用顶点索引数组描述需绘制顶点的拓扑连接关系。由于顶点索引数组只是记录了顶点的索引值，其实际占据的空间存储量较小。

基于以上事实，本节提出的模型传输编码方法将交互式实时绘制所需的传输数据分为以下两部分。

(1) 在渐进模型绘制之前，利用事实 1，将模型中的几何信息即所有顶点的几何坐标数据快速传输到移动客户端。由于模型几何信息所占据的空间并不大，因此在模型交互式绘制之前其能够快速传输到客户端。

(2) 在模型交互式绘制过程中，利用事实 2，将模型实际需绘制顶点的顶点索引数组数据即时发送到移动客户端。由于实际绘制顶点的顶点索引数组数据量较小，通常只有若干千字节，因此能够保证列表快速到达客户端，从而满足交互式绘制的实时性要求。

2. 计算分配及绘制方法

首先，通过 5.2.1 节的方法构建完成多分辨率模型，并在服务端的内存中运行并保存此模型。同时，利用多分辨率模型构建时所建立的塌陷记录栈和分裂记录栈实现任意分辨率模型的快速转化。其次，当客户端需要某种分辨率的模型时，服务端利用塌陷记录栈和分裂记录栈进行计算，快速得到塌陷边或分裂顶点，将此时需要进行绘制的顶点形成顶点索引数组，并发送到客户端。最后，客户端在绘制过程中获得此顶点索引数组，并结合已存储在客户端的顶点几何数据进行多分辨率模型的交互式快速绘制。

下面分别从服务计算存储端和移动客户端描述整个实时交互式绘制过程。

(1)服务计算存储端存储多分辨率模型数据并响应客户请求。

① 响应客户端需绘制模型的请求，首先将此模型的几何信息全部传输到移动客户端。

② 服务计算端运行保留客户端需绘制的多分辨率模型。

③ 响应移动客户端对模型的特定分辨率请求，利用塌陷记录栈和分裂记录栈进行多分辨率计算，并得到此分辨率下模型绘制所需顶点索引数组。

④ 将此索引数值快速传输到移动客户端。

⑤ 返回步骤③，等待用户对不同分辨率模型的请求。

(2)移动客户端根据用户需求向服务端提出多分辨率模型的绘制请求，根据返回结果进行本地绘制。

① 向服务存储计算端提出对某模型绘制的请求。

② 接收此模型的几何信息，并将其存储到本地。

③ 根据用户需求，向服务端发出特定分辨率模型绘制的请求。

④ 接收服务端传递来的顶点索引数组，不需进行任何重构计算，直接进行本地绘制。

⑤ 返回步骤③。

从整个传输交互式绘制过程可以看出，不同于传统的方法，本节的方法在服务端与客户端的交互过程中，由于只传输数据量较少的顶点索引数组，能够明显减少网络中的传输数据总量，并且在客户端进行模型绘制时并不需要进行任何本地重构计算，明显减少了模型绘制的等待时间(表 5.6)，从而实现了移动终端的模型实时绘制。

表 5.6 简化算法运行时间比较

模型	顶点数	Lee 等(2005)			本节算法		
		显著性图计算/s	QSlim 简化(塌陷队列时间)/s	总和/s	显著性图计算/s	改进 QSlim 简化(塌陷队列时间)/s	总和/s
劳拉娜	14499	8.24	2.8(1.51)	11.04	7.5	2.21(1.03)	9.71
兔	20376	12.17	4.21(2.25)	16.38	10.2	3.72(1.85)	13.8
狮子	64538	28.5	14.31(7.54)	42.81	23.5	11.4(5.13)	33.9
怪兽	350298	273.8	92.2(46.51)	366	225.2	78.5(34.97)	303.9

5.2.3 实验结果与分析

本节对提出的基于视觉优化的简化算法和交互式绘制方法分别在真实网络环境和 NS2 网络仿真环境下进行性能测试。

在 802.11b 标准的无线局域网络环境下(实测平均网络速度为 0.5Mbit/s 左右)，采用改进的客户机/服务器模式，服务端(配置为 CPU：Pentium D 3.00GHz，内存为 2.00GB) 利用 D-Link 型无线路由器与惠普系列移动客户端 PDA (操作系统为 Windows Mobile 6.0，内存为 128MB，主频为 624MHz)进行交互式绘制。其中，服务端的任意多分辨率模型利用本节提出的基于视觉显著性区域计算模型的简化算法得到，而与移动客户端的模型传输交互式绘制则采用本节提出的渐进传输与交互式绘制方法及笔者在以前工作中开发的支持 OpenGLES 标准的 M3D 图形库完成。由于无线网络不稳定，因此在本实验中的传输时间值都是测试 10 次后的平均值。

为比较不同传输率下的传输绘制性能，在 NS2 网络仿真中，分别设置 1Mbit/s 和 1.5Mbit/s 两种传输速率进行性能比较。网络仿真布局如图 5.12 所示，3DS 是 3D 服务端，BS 是移动基站，而 3DMH 为移动客户端。运行 NS2 仿真环境是上述真实环境下的服务端，而模型的重构也在此服务端，并采用前期开发的 M3D 桌面版本绘制。

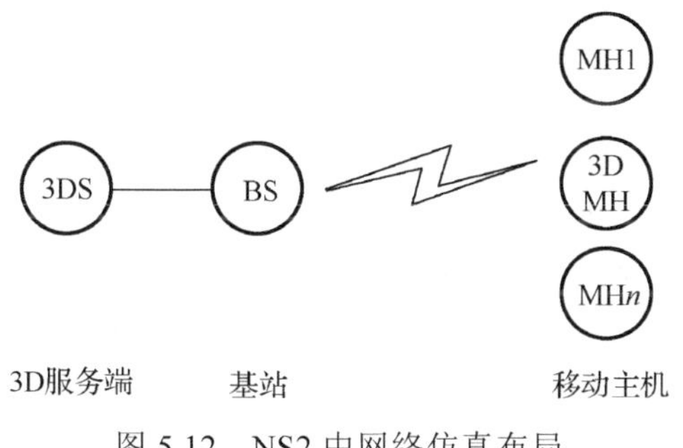

图 5.12　NS2 中网络仿真布局

实验使用的测试模型是劳拉娜、兔、狮子和怪兽，如图 5.13 所示。模型以 PLY 格式存储，其中各个模型顶点数、所占数据量及其几何信息和拓扑信息所占比例如表 5.5 所示。

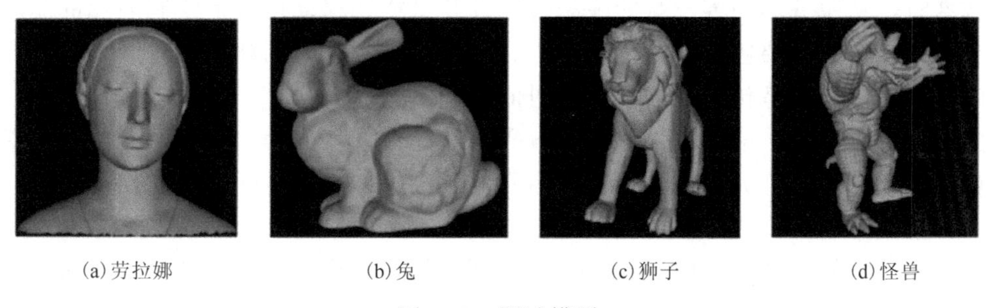

(a) 劳拉娜　(b) 兔　(c) 狮子　(d) 怪兽

图 5.13　测试模型

1. 简化算法的性能比较

本节对前面提出的基于视觉优化的简化算法与典型的 QSlim 简化算法、前人提出的算法进行比较，比较结果如图 5.14 所示。由于本节算法能够更加精细地表示出显著性区域(如劳拉娜的鼻梁和嘴巴区域)，因此模型简化时能够将某些视觉显著性区域保留得更久。

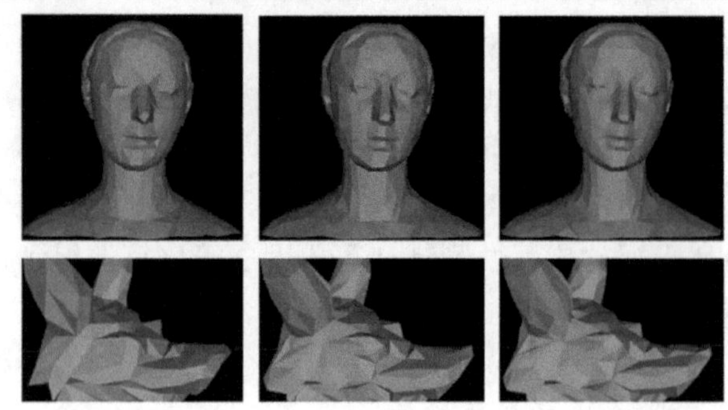

(a) QSlim　(b) Lee等(2005)的算法　(c) 本节的算法

图 5.14　各种简化算法比较(其中劳拉娜简化为模型的 97%；怪兽简化为原模型的 99%)

表 5.6 列出了本节提出的简化算法与前人的简化算法的计算时间性能比较。本节简化算法在执行之前需先进行模型显著性图构建的预处理计算。在此实验中，前人的方法与本节算法一样共建立 4 个不同显著性层次并归一化为最终显著性图。对于显著性图计算而言，本节的显著性图计算时间明显小于前人的方法，平均提高幅度为 14.75%。主要原因在于，在显著性图计算过程中，采用了笔者提出的 3D 本地窗口计算方法，有效地减少了冗余无效的采样点数目，从而明显减少了算法下一步中每个网格顶点显著性值的计算时间。此外，在经过预处理计算显著性区域之后，执行模型简化，即构建多分辨率模型。它主要包括构建初始队列和构建塌陷队列两个步骤，由于本节算法在构建塌陷队列时采用了动态塌陷排序方法，能够提高塌陷速度，使平均塌陷时间提高了 30%左右(如表 5.6 中塌陷队列时间所示)，从而较为明显地减少了简化算法的运行时间。

2. 传输实时绘制性能比较

本节分别比较了在真实环境下和模拟仿真环境下提出的连续交互式实时绘制方法与传统的交互式绘制方法在传输基网格(占据模型中 20%的顶点)、60%模型数据和 100%模型数据时，从服务端到客户端的模型传输及其最终在移动设备上绘制显示的总时间。其中，传统的方法主要包括模型传输时间、本地重构计算时间和绘制时间之和。而本节提出的方法主要是模型传输时间和绘制时间之和。

由于本节的方法采用了有效的模型编码方法和计算任务分配方法，一方面能够减少实际传输的模型数据，另一方面也能够节省耗时的本地重构时间，因此获得了较好的交互式实时绘制效果。

真实环境下的测试数据如表 5.7 和表 5.8 所示。当全模型从服务端传输至客户端并显示之前，对于实验中的 3 个模型，本节的方法所花费时间为传统方法的 42%、21%和 36%，大幅度地减少了模型的传输和实时绘制时间。

表 5.7　真实环境下传输与显示时间

模型	20%模型数据(基网格模型数据传输时间)/ms	60%模型数据(40%模型增量数据传输时间+本地重构计算时间)/ms	100%模型数据(40%模型增量数据传输时间+本地重构计算时间)/ms	总时间(全部模型传输与计算时间)/ms
劳拉娜	1808	5498(2109+3389)	6583(2481+4102)	13889
狮子	3493	17274(3842+13432)	21868(4191+17677)	42635
兔	2583	7746(2842+4904)	8563(3100+5463)	18892

表 5.8　在真实环境下传输与显示时间及其相对传统方法比例

模型	20%模型数据(全部几何数据传输时间+20%基网格模型顶点索引数组数据传输时间)/ms	60%模型数据(40%模型增量数据的顶点索引数组数据传输时间)/ms	100%模型数据(40%模型增量数据的顶点索引数组数据传输时间)/ms	总时间(全部模型传输)/ms 以及相对传统方法的比例
劳拉娜	3918 (3531+387)	981	869	5768 (42%)
狮子	6733 (6113+620)	1328	1033	9094 (21%)
兔	4704 (4134+570)	1203	984	6891 (36%)

在 NS2 模拟环境下，表 5.9 给出了在 1Mbit/s 和 1.5Mbit/s 带宽下，本节提出方法和传统方法模型总的传输和重构时间比较。可以看出，由于网络的传输效率提高，模型传输时间明显减少。同时，由于模型的重构计算是在 PC 端，因此相对上述采用性能较低的 PDA 客户端真实环境而言，传统方法下的模型重构时间也相应减少。如表 5.9 所示，本节方法大幅度减少了模型的传输与实时绘制时间。

表 5.9　本节方法与传统方法在 NS2 模拟环境下传输与显示时间的比例

模型	1Mbit/s	1.5Mbit/s
劳拉娜	64%(2997/4716)	52%(1903/3636)
狮子	41%(5274/12753)	29%(3001/10310)
兔	58%(3810/6554)	42%(2274/5434)

小　　结

本节提出了一种无线网络环境下基于视觉优化的多分辨率三维模型实时绘制方法。为实现视觉重要区域在简化过程中得到尽量保留的目标，本节设计了一种基于视觉优化的模型简化算法。在面向三维模型的显著性区域计算模型中，引入本地窗口取样计算和多层次特征图加权融合的计算方法得到了较为清晰的显著性区域。同时，通过塌陷队列的快速建立和塌陷记录栈结构的引入完成了多分辨率模型的快速构建。另外，为实现移动客户端模型任意分辨率的实时绘制，本节提出了一种有效的模型快速渐进传输和绘制方法。通过有效的模型编码方法和计算任务分配，使模型数据能够快速传输到移动客户端，并且在客户端摒弃了传统的耗费资源的本地重构计算。

下一步的工作将在本节的基础上通过采用有效的模型几何压缩编码、快速解压方法及动态模型传输机制(即服务端根据用户视野只传输用户可见部分)的方法进一步减少网络中实际传输的数据量，从而节省宝贵的无线网络带宽。

5.3　基于预测重构模型传输机制

基于差错控制的传输技术，本节分别从网络传输层、发送端和接收端 3 个层次出发，以克服移动网络丢包影响为基本要求，努力实现 3D 模型在移动有损网络中的鲁棒快速传输。在网络传输层，相关研究以改善无线网络中传输协议的性能为基本出发点，提出了端到端解决方案、代理解决方案和分立解决方案等若干解决方法，而 Alregib(2005)则结合 3D 渐进模型的特点设计了有损网络模型传输方法。基于发送端的方法在发送数据之前采用特定编码技术对模型数据进行保护，以最小化丢失报文所引起的不利影响，包括若干有效模型编码方法和冗余存储连接信息方法、前向纠错编码、块分组技术和全局等划分分组算法。基于接收端的错误恢复方法则利用客户端已正确接收到的数据信息采用特定算法重构或恢复丢失信息。本节提出一种基于预测的模型重构方法。

通常，基于预测的方法被广泛应用在网格压缩中，目的是减少模型表示所需比特率。Ahn 等(2006)分别对模型中顶点的几何、颜色和法向值提出了相关预测压缩方法；上述方法虽然能够取得较好的预测效果，但是由于它们都是针对高分辨率原模型而设计的，并不适用于渐进模型。为此，Pajarola 和 Rossignac(2000)针对渐进模型提出了蝶形插值方法和简化的相同权值平均插值方法，能够根据相邻顶点信息预测模型中未塌陷的顶点几何位置。然而两者都不能得到准确的预测值。针对此情况，研究者提出了一种基于预测的两阶段量化机制，提高了预测精确度，但是此方法需耗费较大的计算代价。本节从接收端出发，利用已提出的分组算法和混合传输方法，面向纹理化渐进模型提出了一种能够针对模型中丢失的颜色、法向和纹理坐标信息进行预测重构的模型快速传输机制。

5.3.1　传输模型

本节提出一种如图 5.15 所示的适用于移动有损网络的 3D 模型传输机制。下面分别从渐进彩色纹理化模型构建、渐进模型全局等划分分组、混合传输、分组解压和预测重构 5 个方面。

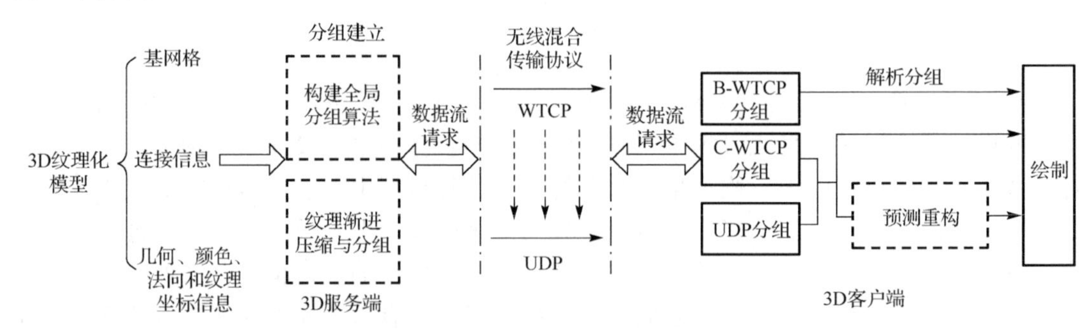

图 5.15　本节提出的传输模型

(1)渐进彩色纹理化模型构建。通常，渐进彩色纹理化模型由基网格 M_0 和一组有序的顶点分裂操作 VSplit 序列 $\{M_0,\{\text{VSplit}_1,\text{VSplit}_2,\cdots,\text{VSplit}_n\}\}$ 组成，其中每个顶点分裂操作都由拓扑数据、几何数据和相关顶点属性数据，如颜色、法向和纹理坐标等组成。在此阶段模型被划分为基网格和一系列 VSplit 操作。本节采用无记忆简化方法简化模型。

(2)渐进模型全局等划分分组。在预构建渐进模型后，本节利用全局等划分分组算法将渐进彩色纹理模型打包分组为 WTCP(wireless transmission control protocol)报文或 UDP 报文。从视觉重要程度上来说，此处的 WTCP 报文不仅包括了基网格数据，同时也包含了 VSplit 操作的拓扑连接信息。

为后面阐述方便，本节定义包含基网格的 WTCP 报文为 B-WTCP(base-TCP)，而包含连接信息的报文称为 C-WTCP(connectivity-TCP)；UDP 报文则包括 VSplit 操作的几何、法向、颜色和纹理坐标数据。此外，为保持 C-WTCP 与 UDP 数据的同步，在这两个报文中加入同步信息。在实现中，本节将报文中的首 VSplit 操作的序号设定为同步标识；同理，C-WTCP 报文包含了多个同步标记，分别对应多个 UDP 报文。

(3)混合传输。本节改进了混合传输模式，服务端首先采用 WTCP 代替 TCP，以快速、稳定地传输存储基网格和连接信息数据的 WTCP 报文，即模型中的重要部分；WTCP 报文传输完毕后，关闭此连接并使用 UDP 传输存储模型中细节信息的 UDP 报文。

(4)分组解压。当客户端接收到所有的 B-WTCP 报文后，基网格会被快速绘制。当 C-WTCP 报文到达时，暂时将其存储在显存；当所有的 WTCP 报文发送完毕时，服务端将使用 UDP 传输剩余所有模型数据。

本节利用报文中设定的同步标记来判定 UDP 报文是否丢失。若未丢失，客户端解压此 UDP 报文得到 VSplit 操作的几何、颜色、法向和纹理坐标信息，并将这些信息与已存储在缓存中的连接信息组成一个完整的 VSplit 操作；否则，采用预测重构方法将这些丢失或延迟到达的 UDP 报文恢复。

(5)预测重构。当客户端发现某个 UDP 报文丢失时，利用丢失顶点的连接信息采用 5.3.2 节的预测方法分别对 VSplit 操作的几何、颜色、法向和纹理坐标信息进行预测重构。

5.3.2　预测重构

1. 基本原理

本节提出的几何、颜色、法向和纹理坐标 4 种预测方法都假定丢失顶点的值可从其相邻顶点中计算获得。本节假定某条边相连的两个顶点的几何值、颜色、法向值、纹理在几何空间中也接近，因此可借助此预测得出丢失顶点信息。

2. 几何、颜色和法向预测

本节采用平均相同权值预测(average same weight prediction，ASWP)方法估算丢失顶点的几何估计值。首先根据已知的连接信息找到所有与丢失顶点相邻的顶点$\{V_1,V_2,\cdots,V_n\}$，然后采用：

$$V_{\text{prediction}}=\frac{1}{n}\sum_{i-1}^{n}V_i \tag{5.10}$$

获得丢失顶点的几何值。式(5.10)中，$V_{\text{prediction}}$是丢失顶点，V_i是与丢失顶点相邻的顶点；$n\in\mathbb{N}$。

本节采用高斯长度权值预测(gauss length weight prediction，GLWP)方法估算丢失顶点的颜色值：

$$V_{\text{GLWP}}=\frac{1}{\sum_{i-1}^{n}W_i}\sum_{i-1}^{n}(V_i\cdot W_i) \tag{5.11}$$

式中，$V_1\sim V_n$是与丢失顶点直接相邻接的顶点；权重$W_1\sim W_n$表示每个相邻顶点对丢失顶点的颜色贡献权值：

$$W_i=\mathrm{e}^{-kd_i^2} \tag{5.12}$$

d表示丢失顶点与相邻顶点之间的距离，k在实验中取值为 1。

为改进法向预测精度，本节利用 Max(1999)的结论，提出一种混合法向预测(hybrid

normal prediction，HNP)方法估计丢失顶点的法向值。当模型是低分辨率简化模型时，采用边长倒数平均权值(mean weighted by edge length reciprocals，MWELR)方法：

$$N_{\text{MWELR}} = \text{Normalize}\left(\sum_{i-1}^{n} \frac{N_i}{|E_i|}\right) \tag{5.13}$$

式中，E_i 表示连接第 i 个顶点和丢失顶点所形成的边；$|E_i|$ 则表示边 E_i 的长度。此处 N_i 不是面的法向而是第 i 个顶点的法向。

反之，当客户端接收到模型的细节部分时，采用角度平均权值(mean weighted by angle，MWA)方法，即

$$N_{\text{MWA}} = \text{Normalize}\left(\sum_{i-1}^{n} \alpha_i N_{\text{face}\,i}\right) \tag{5.14}$$

式中，α_i 是网格中第 i 个面的边 E_i 和 E_{i+1} 之间形成的角度；$N_{\text{face}\,i}$ 是第 i 个面的面法向矢量，且假定每个顶点只有一个法向值。

如图 5.16 所示，V_{pre} 是预测重构顶点，d_1、d_2、d_3、d_4、d_5、d_6 分别表示从顶点 V_{L}、V_{S}、V_{R}、V_3、V_2、V_{add} 到 V_{pre} 的长度。G_{L}、G_{S}、G_{R}、G_3、G_2、G_{add}、G_{pre} 和 C_{L}、C_{S}、C_{R}、C_3、C_2、C_{add}、C_{pre} 分别是顶点 V_{L}、V_{S}、V_{R}、V_3、V_2、V_{add} 和 V_{pre} 的几何与颜色值。初次预测如图 5.16(b) 所示，可采用 ASWP 获得的初始预测几何估计值 $(G_{\text{L}} + G_{\text{S}} + G_{\text{R}} + G_2 + G_3)/5$；采用 GLWP 获得的预测颜色值为 $(C_{\text{L}} \times \mathrm{e}^{-(d_1)^2} + C_{\text{S}} \times \mathrm{e}^{-(d_2)^2} + C_{\text{R}} \times \mathrm{e}^{-(d_3)^2} + C_2 \times \mathrm{e}^{-(d_6)^2} + C_3 \times \mathrm{e}^{-(d_4)^2})/5$。同样，预测的法向值表示为 $\text{Normalize}\left(\sum_{i-1}^{5} \alpha_i N_{\text{face}\,i}\right)$。在获得丢失顶点的初始估计值后，若与其相邻的顶点 V_{add} 已经到达客户端，仍可分别采用式(5.10)～(5.14)去计算得到新的细化估计值。此细化步骤不断重复，直到整个模型传输完毕。

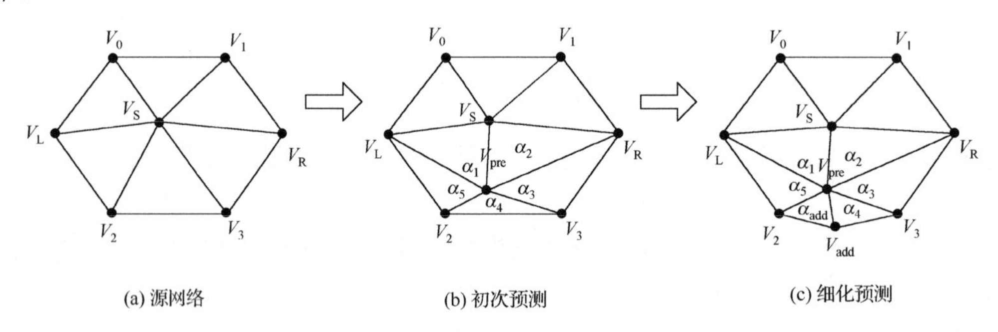

图 5.16　丢失顶点的几何、颜色和法向量的预测方法

3. 纹理预测

纹理映射过程中为减少映射误差，网格通常被分成多个不同部分(chart)，并使用小块的纹理图片即纹理分片(atlas)分别进行映射。但此时产生的纹理映射不连续性问题使得 5.3.2 节的预测方法不再适用。为此，本节提出一种适用渐进网格的纹理坐标混合预测方法。在阐述具体预测算法之前，先给出相关定义。

定义 5.2　若丢失顶点的所有相邻顶点的纹理坐标与丢失顶点同处于一个 chart 中，

则称为连续顶点并设置连续顶点标记(continuous vertex flag，CVF)为 1；否则为不连续顶点，且 CVF 为 0。

图 5.17 描述了相关预测计算方法。图 5.17(a)、(b)中只包含一个chart，而图 5.17(c)～(f)包含了 2 个chart，分别为chart _a 和chart _b 。此外，本节定义T_i是相应顶点V_i的纹理坐标。

下面结合图 5.17，给出判断丢失顶点相邻的所有顶点是否处于同一个 chart 及其采取的相关预测方法。

(1)若所有相邻顶点的 CVF 值为 1，可以推断出此丢失顶点必定与相邻顶点处于同一chart 中。此时，采用GLWP 方法，如图 5.17(a)所示，$T_{\text{pre}} = (T_{\text{L}} + T_{\text{S}} + T_{\text{R}} + T_2 + T_3)/5$。

(2)当一个或多于一个顶点的 CVF 值为 1 时，可推断出此丢失顶点究竟处于哪个chart 中。此时，采用 SCPP 方法，如图5.17(c)所示，$T_{\text{pre}} = T_1 - T_0 + T_{\text{L}}$。

(3)当所有相邻顶点的CVF 值为 0 时，无法确定丢失顶点目前究竟处于哪个chart 中。此时，临时假定丢失顶点的纹理坐标值等于与其最接近的顶点的纹理坐标，如图 5.17(e)所示，$T_{\text{pre}} = T_2$。

丢失顶点纹理坐标整体预测方法步骤如下。

(1)当某个顶点丢失时，客户端采用上述预测方法利用相邻顶点的 CVF 标志，判断此丢失顶点纹理坐标处于哪个chart，并获得预测纹理坐标。

(2)在逐步细化阶段，可采用 LWP 或 SCPP 方法纠正或修改丢失顶点的临时预测值，如图 5.17(b)所示，T_{pre}值为$(T_{\text{L}} + T_{\text{S}} + T_{\text{R}} + T_2 + T_3 + T_{\text{add}})/6$；如图 5.17(d)所示，由于新到达顶点为 0，$T_{\text{pre}} = T_1 - T_0 + T_{\text{L}}$；如图 5.17(f)所示，新的顶点$V_{\text{add}}$到达且其 CVF 为 1 时，预测值为$T_{\text{add}} - T_2 + T_5$。

(3)在模型传输完毕后，可利用顶点的 CVF 值修正丢失顶点的预测纹理坐标值。执行此操作后，即可正确判断丢失顶点的纹理坐标。

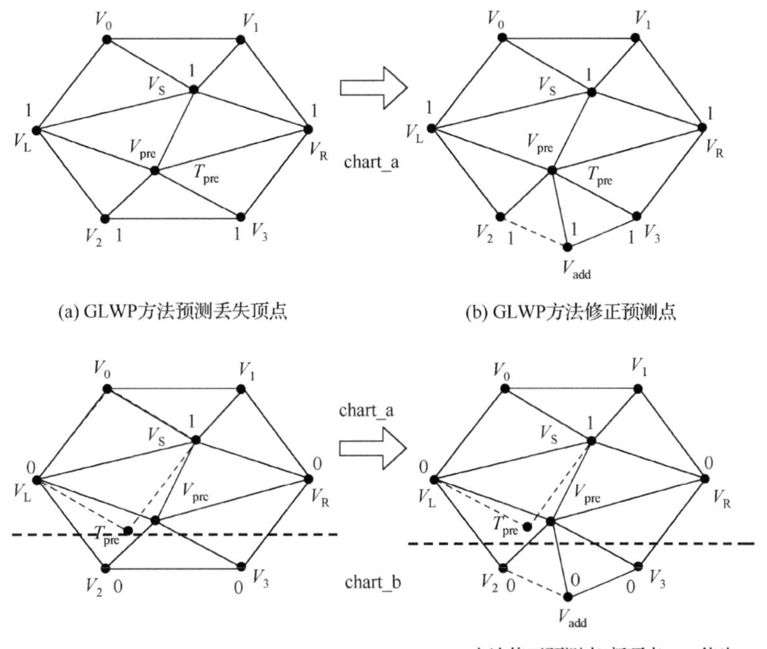

(a) GLWP方法预测丢失顶点　(b) GLWP方法修正预测点

(c) SCPP方法预测丢失顶点　(d) SCPP方法修正预测点(新顶点CVF值为0)

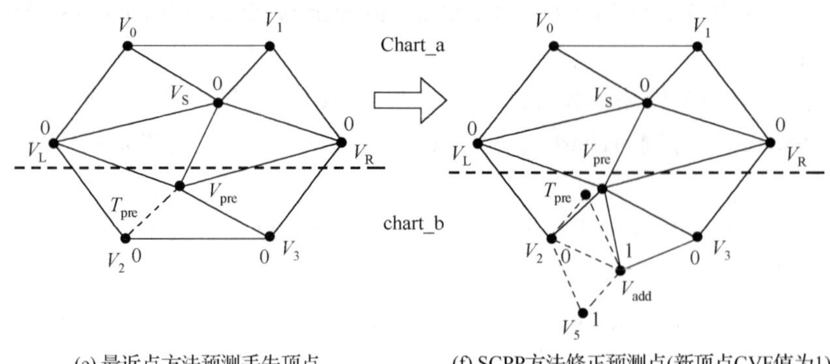

图 5.17　纹理坐标的 3 种不同预测方法

5.3.3 实验结果与分析

本节比较 4 种不同的混合传输策略：100%WTCP 传输，即由 WTCP 传输所有的 VSplit 操作数据；35%WTCP 传输，即 35%的 VSplit 操作由 WTCP 传输而剩余 65%由 UDP 传输；100%UDP 传输，即由 UDP 传输所有的 VSplit 操作数据和本节提出的预测重构传输。

1. 测试仿真平台

本节采用 NS2 网络仿真器来模拟有损移动网络模型的传输。网络仿真布局、网络参数设置如图 5.18 所示。本节设置 WTCP 和 UDP 的最大传输单元为 512B。

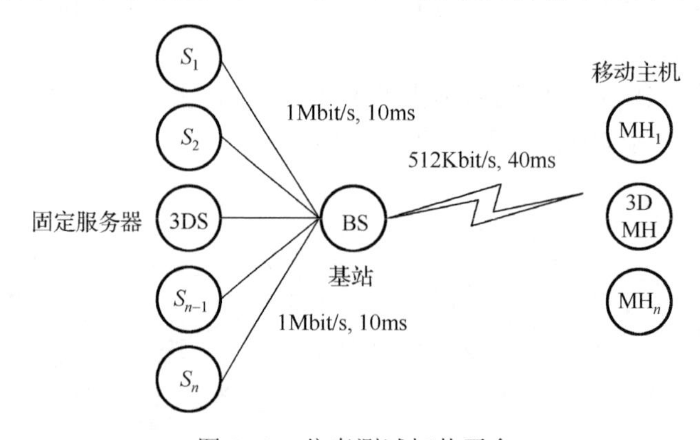

图 5.18　仿真测试拓扑平台

2. 性能比较

图 5.19 所示为当仿真丢失率从 0 变化到 6%时，不同混合传输机制下狮子模型的总传输时间和可用面片个数。本节方法传输整个模型所花费的时间与 100%UDP 模式接近，并能够获得与 100%WTCP 方法相同的可绘制面片数目。本节方法与 100%UDP 传输时间相接近，但是能够获得比 100%UDP 传输更多的可用面片。此外，由于本节采用全局等划分分组算法最小化分组之间的依赖性，更多的存储在缓存中的面片能够同步绘制。

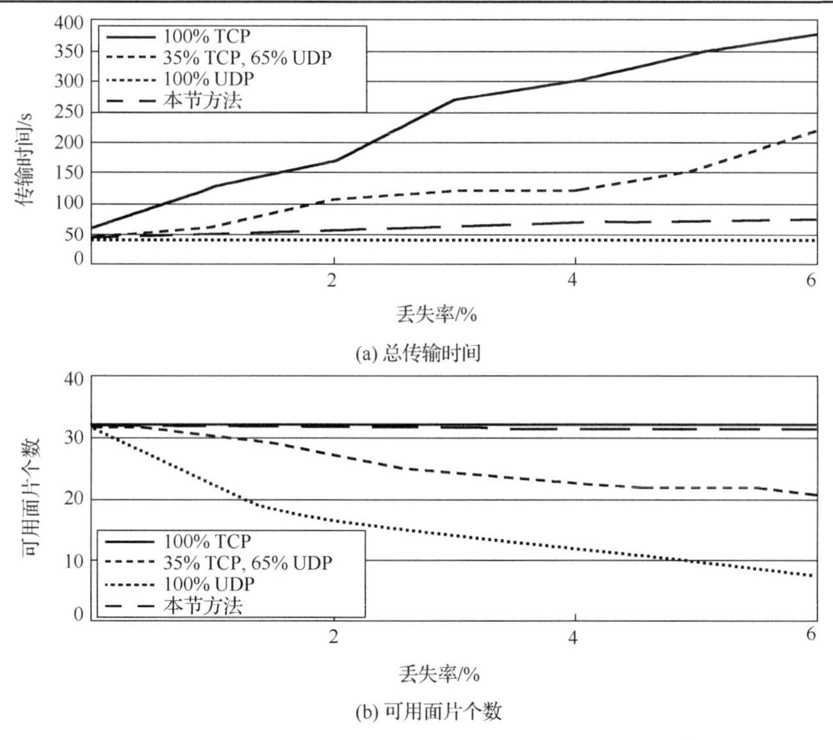

(a) 总传输时间

(b) 可用面片个数

图 5.19　不同丢失率下各种传输机制性能比较

3. 视觉质量

下面从客户端接收到的模型视觉角度来比较各种不同混合传输方法，主要比较狮子和猫彩色纹理化渐进模型的视觉质量。如图 5.20 所示，本节方法所接收到的模型能够获得更好的视觉效果。

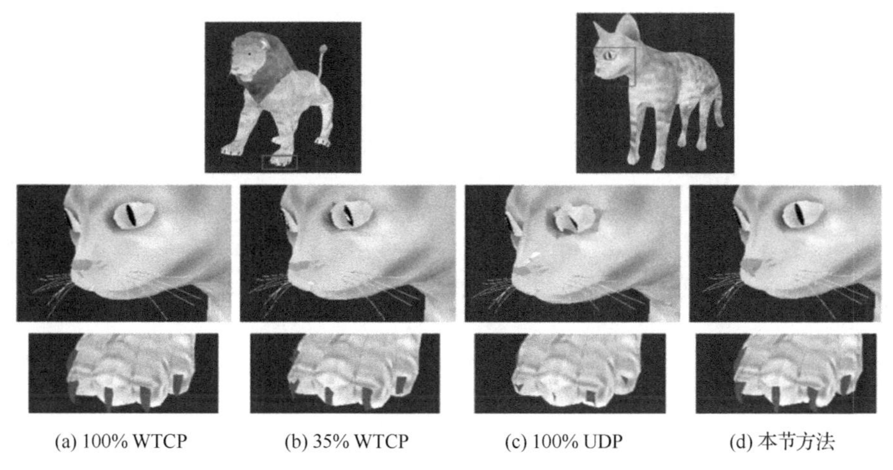

(a) 100% WTCP　(b) 35% WTCP　(c) 100% UDP　(d) 本节方法

图 5.20　网络丢失率 5%时不同传输模式下测试模型的放大效果图

小　　结

本节讨论了彩色纹理化模型在移动有损网络中的传输方法，提出了一种基于客户端的预测重构传输机制。为加快模型传输速度，有助于丢失部分的重构，本节提出一种混合传输机制，即使用 WTCP 传输基网格和 VSplit 操作的连接信息，使用 UDP 传送 VSplit 操作中所有其他模型属性信息。为保证 3D 模型的视觉质量，本节提出了多种预测方法分别对模型丢失部分的顶点几何、颜色、法向和纹理坐标预测重构。实验结果表明，本节提出的传输机制和各种预测算法使客户端在获得较好的模型视觉质量的同时缩短了模型传输时间。

下一步将从如下两方面考虑如何改进模型传输效率：为进一步减少网络带宽限制，可以选择采用动态模型传输机制，此时服务端只需传输用户可见部分，不必再发送所有模型数据；由于彩色纹理化模型中纹理数据也占据了大量带宽，因此应考虑如何在带宽一定的情况下分配纹理和几何数据的带宽比例。

第 6 章　基于流水线的优化算法与图形库

在图形流水线优化方面，研究者针对移动设备的低性能缺陷提出了多种优化算法，解决了若干流水线性能瓶颈，提高了整个流水线的整体性能。本章主要围绕低功耗的设计目标，对基于移动设备图形流水线优化技术进行研究，主要介绍面向移动设备的各向异性纹理映射方法、混合自适应法线图纹理压缩算法，以及基于 JIT 的移动图形库优化技术。

6.1　面向移动设备的各向异性纹理映射方法

近年来，随着 PDA、Pocket PC、智能手机等移动设备的普及，针对移动设备的各种多媒体应用逐渐丰富起来。移动图形作为诸多 3D 应用的底层支撑技术，广泛应用于移动 3D 游戏、3D 图形用户界面和移动虚拟漫游中。纹理映射是一种真实表现物体图形效果的技术，然而当一个物体平面相对于用户视角很大时，会产生较为严重的走样现象。采用各向异性纹理映射可以改进这种走样现象，并得到高质量的图形效果。各向异性纹理映射已经在 PC 平台得到较好的应用，然而在移动设备中，目前还没有找出一种合适的解决方法。其主要原因是：一方面实现各向异性纹理映射需要巨大的计算量和存储量；另一方面移动设备具有较低的 CPU 处理水平、有限的存储量和系统带宽等缺点。至今还没有提出针对移动设备的实时的、高效的各向异性纹理映射算法。

目前，研究者已经针对 PC 平台提出和实现了多种各向异性纹理映射算法，如椭圆加权平均(elliptical weighted average，EWA)、快速椭圆直线(feline)、足迹匹配(footprint assembly，footprint 指纹理空间中像素的形状，它覆盖多个不同的纹理单元)、快速足迹 MIPMapping(fast footprint mipmapping，FFMM)和子纹理单元精度各向异性(sub-pixel anisotropic filter，SPAF)等算法。相关算法按照像素从屏幕空间到纹理空间反转映射方式和映射形状可分成两大类。第一类各向异性算法假定纹理空间的 S,T 对屏幕空间的 X,Y 的偏导值在经过像素区域时是恒定的常量，并利用偏导值来进行不同的计算获得纹理的颜色值。EWA 实现效果较好，但是硬件实现代价太高，它一般只是作为评价标准来使用。足迹匹配和 Feline 在 EWA 的基础上，使用多个各向同性的三次线性探测滤波来逼近 EWA 算法，降低了硬件实现代价。第二类算法使用透视纹理映射直接获得像素在纹理空间的形状。这种方法通过四个单独的映射操作可以获得映射后像素在纹理空间的精确的不规则形状，从而在此基础上实现各向异性纹理映射。Hüttner 等(1999)提出的 FFMM 算法减少了从纹理内存中装载的纹理单元个数，但是需要很大的权重表和相关计算。在利用相同的有限纹理单元个数的情况下，有人提出的 SPAF 算法克服了 FFMM 算法的限制，其权重表只有几百 KB，但引入了额外的硬件设备，增加了硬件实现代价和复杂度，而且它的权重表容量较大。有相关研究者设计了一种高性能各向异性滤波体系结构，采用一种新的斜率识别计算方法使其权重表容量降低到 112B。

相对 PC 而言，移动设备 GPU 的带宽较窄、ROM 存储容量较小、计算处理能力更弱。本节提出一种适用于移动设备 GPU 硬件实现的基于三角形映射的子纹理单元精度各向异性滤波器(triangle-based sub-pixel anisotropic filter，TSPAF)，它具有低计算量和低存储量的优点。为了进一步减少硬件实现代价，本节提出了一种混合的滤波方式(hybrid TSPAF，HTSPAF)，利用 MIPMap 层选择并结合二次线性滤波和 TSPAF 实现各向异性纹理映射。

6.1.1 TSPAF

各向异性滤波通过统计位于足迹中的多个纹理单元对像素的贡献权值来计算该像素的纹理颜色值。纹理映射通常使用一个统一的滤波器对位于足迹中的纹理单元进行滤波得到其颜色值，通过式(6.1)可以得到位于屏幕 (x,y) 处的像素的纹理颜色值 $c(x,y)$：

$$c(x,y)=\sum\left[T(u,v)\times W(u,v)\right]/\sum W(u,v) \tag{6.1}$$

EWA 使用高斯滤波器式(6.2)计算纹理单元的权重：

$$W_{\mathrm{G}}(u,v)=\mathrm{e}^{-a\cdot d^2} \tag{6.2}$$

SPAF 采用式(6.3)来计算纹理单元的权重：

$$W(u,v)=W_{\mathrm{G}}(u,v)\cdot W_{\mathrm{c}}(u,v) \tag{6.3}$$

式中，$W_{\mathrm{c}}(u,v)$ 表示被足迹所覆盖的权值；$W_{\mathrm{G}}(u,v)$ 表示此纹理单元的高斯权值。

1. TSPAF 原理

纹理映射分为反向投影和前向投影，反向投影纹理映射将屏幕空间的像素表示成四边形或者圆形，并将其在纹理空间反向映射成平行四边形、不规则的四边形或者椭圆形。图 6.1 列出了一些常用纹理映射滤波器的像素在屏幕空间和纹理空间的形状。可以看出，EWA、Feline、足迹匹配等算法都是将像素表示成一个圆，并在纹理空间将足迹表示成椭圆和一些逼近椭圆的形状；而三线性 Mipmap、FFMM、SPAF 将单个屏幕像素看成矩形，经过映射后其形状分别表示成平行四边形和不规则四边形。

像素并不表示为某个固定的形状，只是采样点的集合。在纹理映射中，如果用矩形表示像素，那么它的四个顶点只是像素的四个采样值。因此，像素可以使用矩形来表示，也可以使用圆形来表示，当然也可以采用三角形来表示并用三个顶点来表示三个采样值。从式(6.1)和式(6.3)可以看出，SPAF 计算位于屏幕 (x,y) 处的像素的纹理颜色值 $c(x,y)$ 时，为了更精确地计算某个纹理单元对最终像素颜色值的贡献，其计算方法是将 $W_{\mathrm{c}}[k]$ 与 $W_{\mathrm{G}}[k]$ 相乘得出权值。其中 $W_{\mathrm{G}}[k]$ 表示的含义是距离足迹的中心越远的纹理单元，对像素的最终颜色值的贡献越小，反之越大。因此，真正对像素的最终纹理颜色起决定作用的是距离足迹中心较近的相关的纹理单元，而距离其较远的纹理单元就可以忽略。

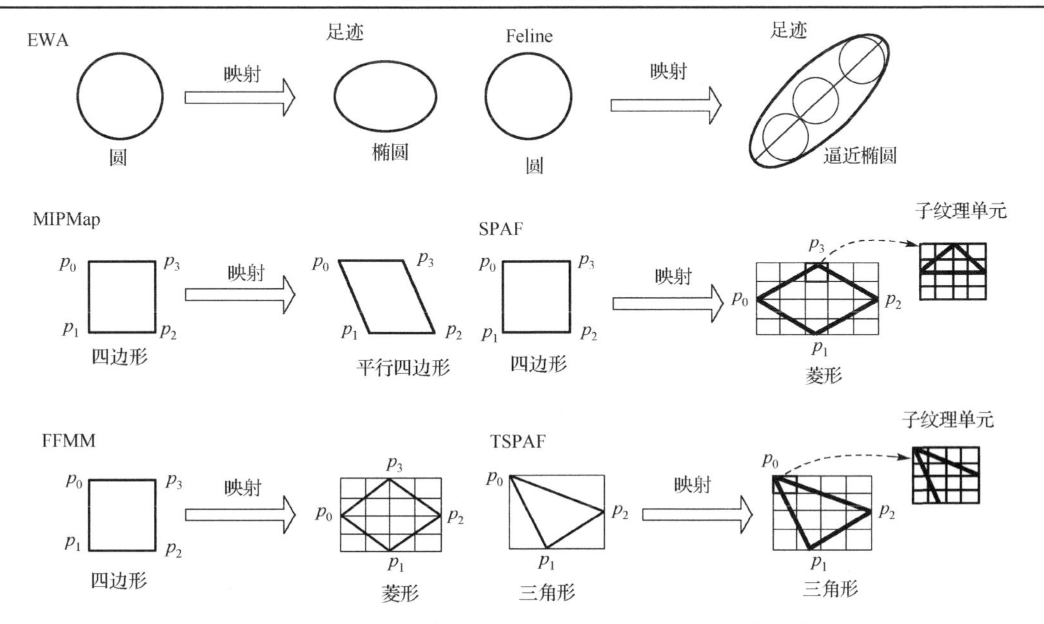

图 6.1　各种常用纹理映射滤波器像素表示和纹理空间中映射形状

根据以上原理可以得出：像素在屏幕空间的表示形状可以为圆形、矩形或三角形，关键是此像素经过映射后在纹理空间中得到的足迹是否覆盖了距离中心点较近的所有纹理单元。我们提出了一种基于三角形映射的子纹理单元精度各向异性滤波器，它减少了硬件代价并取得了较好的各向异性图像效果。如图 6.1 所示，TSPAF 将像素表示成一个三角形，对其进行反向投影并在纹理空间获得一个各向异性三角形足迹。屏幕空间中的像素的三个采样点分别为定点 p_0、p_1、p_2。p_0 是矩形左上角的顶点，而 p_1 和 p_2 分别是矩形右边和下边的中点。从图 6.1 可以看出，TSPAF 涵盖了几乎所有中间的有效纹理单元，特别是当装载的纹理单元个数为 32、64 时。

2. TSPAF 实现

在图形硬件中实现实时滤波的一个瓶颈是 GPU 的系统内部带宽，它决定了被滤波纹理单元的个数，对于移动设备而言更是如此。因此需要尽可能地减少一次从内存装载的纹理单元个数 M，并且充分利用这些有限个数的纹理单元。在 TSPAF 中，M 值定义为 16。

TSPAF 首先使用 MIPMap 的层选择机制来装载 M 个对最后像素起作用的纹理单元；其次，在纹理空间中分别计算落在足迹内的纹理单元的权值：$W_c[k]$ 与 $W_G[k]$。在我们的实现中，采用斜率识别方法进一步减少了 ROM 的权重表存储量。

1) MIPMap 层选择

MIPMap 层选择利用 MIPMap 来装载对最后像素起作用的纹理单元。在 TSPAF 中，采用 Schilling 等(1996)所使用的方法进行 MIPMap 层的选择。在纹理坐标系中，采用一个四边形绑定体来覆盖三角形的足迹，四边形绑定在纹理坐标系中的扩展分别为 D_u、D_v，并定义 $R = D_u / D_v$。E_u、E_v 为从 MIPMap 层 L 装载的多个连续纹理单元所构成的矩形的两条边，其中 $E_u \times E_v = M$，$R = E_u / E_v$。

根据三角形的三条边映射后的值，可以计算出它在纹理坐标系中 D_u 、 D_v 的大小，并计算出 R 。已知 M 和 R 的值，采用式(6.4)和式(6.5)来计算 E_u 、E_v 和 MIPMap 层 L ：

$$E_u = \sqrt{M \times R}, \quad E_v = M / E_u \tag{6.4}$$

$$L = \lceil \log_2[\max(D_u / E_u, D_v / E_v)] \rceil \tag{6.5}$$

2)权重计算

TSPAF 采用式(6.1)和式(6.3)的方法计算权重 $W_c[k]$ 与 $W_G[k]$，为了进一步减少 ROM 的权重表存储量和减少计算量，我们改进了 Bóo 和 Amor(2005)的斜率识别(slope identification，SI)方法。本节为了阐述方便，SI 方法所涉及的斜率存储只是考虑在第一象限中的情况。

计算 $W_c[k]$ 主要包括以下三步：①计算得到不同斜率的存储掩码，当采用 4×4 子纹理模式时，可以获得 14 种不同斜率的掩码；②当给定某种掩码确定时，使用移位操作来计算某个足迹所覆盖的 4×4 个纹理单元最终的掩码；③根据得到的三个边的掩码，进行逻辑并操作可以计算出最终足迹的掩码和权重 $W_c[k]$ 。

在 TSPAF 中，采用高斯滤波计算 $W_g[k]$ 。这样一方面可以减少走样，另一方面起到减少装载纹理单元个数、节省系统总线的作用。式(6.2)中 d 表示此纹理单元距离足迹中心的归一化距离。在 TSPAF 中采用以下两步骤来实现归一化距离计算。

(1)定义变量。T 表示给定纹理单元；C 表示足迹中心点坐标；E_k 表示各条边；P_k 表示足迹的三个顶点。D_{ij} 表示纹理 T 与中心点 C 的归一化距离；Z_k 表示各个中心点 C 与 P_k 所形成的区域 (k=1,2,3) 。

(2)执行以下步骤完成归一化距离的计算。

① 计算从 C 到各条边 E_k 的距离 D_{ck} 。

② 得到每个纹理单元位于足迹中的区域 Z_k ，同时得到距离给定纹理单元最近的边 E_k 。

③ 根据得到的 E_k ，计算出此纹理单元 T 与 C 的归一化距离。

在 TSPAF 中，在纹理空间中足迹有三条边 E_k 和三个点 P_k (k=1,2,3) ，我们改进了 SI 方法中关于区域的选择。TSPAF 采用下面的策略实现区域的确定。

① 判断哪几个点位于 C 的上面，通过比较 $P_k.v$ 的 $C.v$ 值来判断。

② 得到确定区域。如果只有一个顶点 P_k 位于 C 的上面，比较 P_kC 与 TC 的斜率值，决定其所在区域 Area ；否则比较 P_kC 、 $P_{k+1}C$ 、 TC 之间的斜率，根据斜率来确定 T 所在区域 Area 。

当采用 TSPAF 时，多数情况下足迹的形状是顶点 P 与纹理单元中心 C 同处一个平面，这样可以最大限度地降低斜率的计算和比较代价。

6.1.2 HTSPAF

1. HTSPAF 原理

当像素在纹理空间投影所得的足迹严重变形时，采用各向异性滤波来减轻纹理走样现象。然而在实际的 3D 场景中，像素在纹理空间投影所得的足迹多数情况下并不处于严重变形状态，如果此时仍然使用各向异性滤波器将会增大硬件代价。

针对此特点，本书提出一种混合模式各向异性纹理映射 HTSPAF，进一步减少硬件实现和运行计算代价。HTSPAF 混合使用双线性滤波与 TSPAF。HTSPAF 首先判断足迹的形状，如果没有较严重的变形发生，即采用双线性滤波来计算纹理颜色值；反之，采用 TSPAF 滤波来得到纹理颜色值。采用此方法可以减少一次装载的纹理单元个数，节省系统内存带宽。因为对于双线性滤波而言，一次只是需要装载四个纹理单元而不是 TSPAF 中的 16 个纹理单元。同时，HTSPAF 可以减少大量的权值计算，从而进一步减少了硬件系统实现代价。

算法实现的关键在于何时使用双线性滤波，何时使用 TSPAF，本书采取的方法是根据层选择中的 $R = D_u / D_v$ 来判断。在层选择中 R 值表示的含义是足迹的矩形绑定体的长和宽的比例，根据该比例值大小可以判断此足迹的变形程度。设定变形界限值为 $\mathrm{UpperLimit}$ 和 $\mathrm{DownLimit}$。如果 $R > \mathrm{UpperLimit}$ 或者 $R < \mathrm{DownLimit}$，采用 TSPAF 滤波，反之采用双线性滤波。

2. HTSPAF 硬件体系结构

HTSPAF 硬件体系的实现包括 LOD 层选择及滤波方式选择模块、TSPAF 滤波模块和双线性滤波模块，如图 6.2 所示。LOD 层选择及滤波方式选择模块决定了 LOD 的层次和下一步采取何种滤波方式。TSPAF 滤波模块由权重生成子模块、纹理内存读取子模块和后滤波计算子模块组成，其中权值部分由覆盖率权重生成和高斯权重生成部分构成。双线性滤波模块由纹理内存读取子模块和后滤波计算子模块共同完成此双线性滤波。

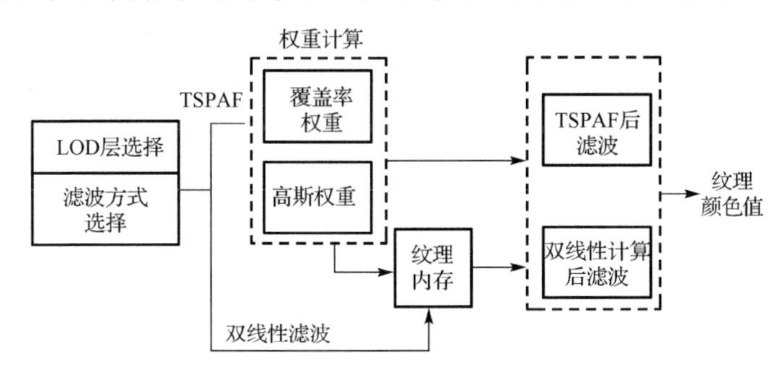

图 6.2　混合模式硬件体系结构

6.1.3　实验结果与分析

本节主要从图像质量和算法实现的硬件代价两个方面来评估 TSPAF 和 HTSPAF 算法。我们使用软件模拟的方法实现算法并将其应用到 M3D 中。为进行算法性能和效率的比较，本节实现了 EWA、SPAF、SI、三次线性插值(trilinear)等算法。其中，EWA 算法通常作为衡量各向异性纹理映射算法图像质量的基准，SPAF 和 SI 算法属于第二类各向异性纹理映射方法，而三次线性插值是一种 GPU 常用的近似各向异性纹理映射技术。

实验采用两组 256×256 大小的纹理来测试各种算法所产生的图像的质量。图 6.3 给出了当物体平面相对于用户视角很大时的效果图，其中矩形框表示待放大部分，右侧列出了各种算法下的细节放大图。从结果可以看出，EWA 算法的效果最佳，SPAF 和 SI 算法与 EWA 的效果相近。利用本节的 TSPAF 和 HTSPAF 算法所产生的图像效果与 SPAF 算法相接近，同时远远优于三次线性插值算法。另外，从图中可以看出，TSPAF 和 HTSPAF 的效果基本一致，这是因为当像素在纹理空间投影所得的足迹严重变形时，它们采用相同的方法获得纹理颜色值。

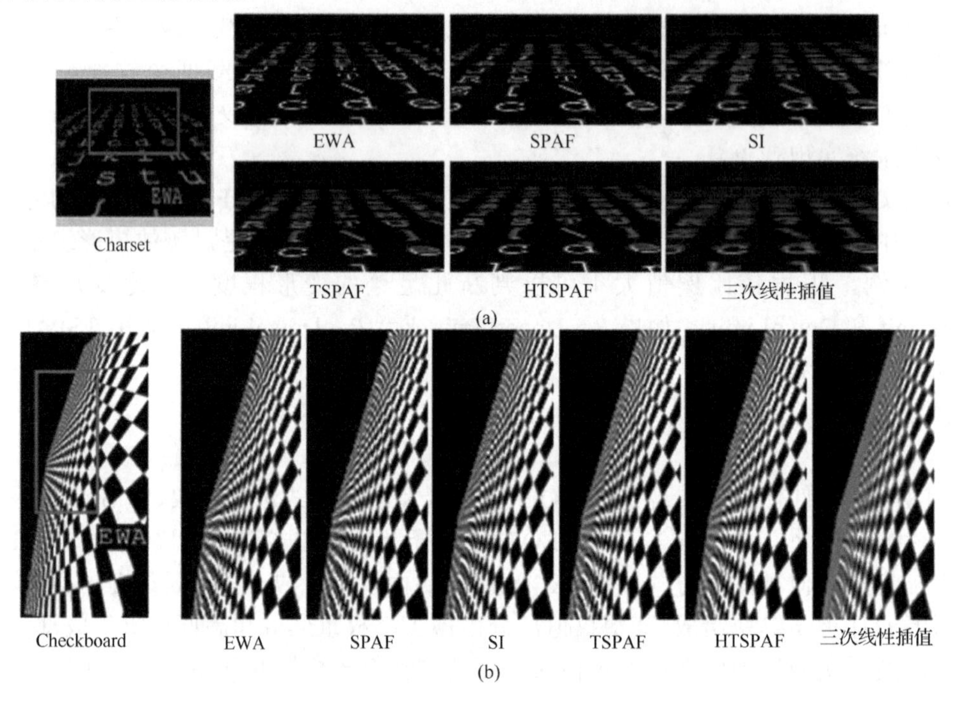

图 6.3　Charset、Checkboard 的各种算法放大效果图

为了进一步验证各种算法所生成的图像质量，可使用信噪比均方差(signal-to-noise ratio mean-square，SNRms)来评定，其值越大表示图像质量越好。在此，主要比较以上五种算法在 Charset 和 Checkboard 图像上所产生的纹理与基准纹理(EWA 生成)的 SNRms 值，结果如表 6.1 所示。

表 6.1　不同算法与基准纹理(EWA 生成)的信噪比均方差

信噪比均方差	SPAF	SI	TSPAF	HTSPAF	三次线性插值
Charset	20.52	19.32	19.15	19.09	12.89
Checkboard	22.56	21.05	20.98	20.92	13.02

决定算法优劣的一个关键是其硬件实现代价，其中主要考察权重表的大小和计算权重所需要的计算量。表 6.2 列出了给定纹理单元个数时各算法的权重表大小，其中三次线性插值没有权重表。由于我们采用了斜率识别计算方法，因此 TSPAF 和 HTSPAF 的覆盖率权重表大小远远小于优化后的 SPAF 和 SI 算法。

表 6.2　不同的算法的权重表大小

纹理单元个数 M	优化 SPAF	SI	TSPAF	HTSPAF
16	148KB	28×4=112B	28×3= 84B	28×3= 84B

衡量硬件代价的另一个指标是覆盖率权重和高斯权重的各种算术运算代价。如表 6.3 所示，P_1 和 P_2 分别表示一个或两个点与纹理单元位于足迹上半平面的概率。PT 表示实际场景中使用 TSPAF 的比例。假设 PT 的值为 20%，那么 HTSPAF 算法所节省的计算量高达 80%以上。表中最后两列给出了 TSPAF 和 HTSPAF 算法中各种算术运算代价。

表 6.3　覆盖率权值和高斯权值算术运算代价

运算	SPAF	SI	TSPAF	HTSPAF
加法(减法)运算	16+60	28+56	TAdder=(3×4)+ (32+P_1×8+P_2×4+9)	PT×TAdder
乘法	16+72	8+24	TlMul =(3×2) + (16+6)	PT×TMul
简单乘法	128	16+12	TSimpleMul= (3×4)+(P_1×4 +P_2×2×4)	PT×TSimpleMul
求倒数	4+4	4+4	TInverse = 3+3	PT×TInverse

最后实验在真实的机器设备上利用两个真实场景来测试并比较本节算法与其他算法的效率。以简单的带纹理六面体和自行开发的 3D 迷宫漫游游戏为测试场景，测试环境为 HP iPAQ Pocket PC 和波导公司的 E868 智能手机，最大主频分别为 400MHz 和 20MHz，ROM 内存分别为 128MB 和 1MB。由于硬件配置问题，后一场景仅在 HP Pocket PC 上予以测试。

表 6.4 的测试数据为开启与关闭上述各种纹理映射模式时场景的绘制时间的差值。可以看出，各向异性纹理映射模式对场景的整体绘制效率有较大影响，而本节的 HTSPAF 算法比 SPAF 和 SI 算法节省了更多的绘制时间。对于 HTSPAF 算法而言，其效率随场景中实际使用 TSPAF 的比例而变化，但均可提高 78%以上。

表 6.4　不同场景下各种算法的性能比较　（单位：ms/帧）

场景	SPAF 绘制时间	SI 绘制时间	TSPAF 绘制时间	HTSPAF 绘制时间
带纹理六面体(HP)	183.53999	143.16119	119.30099	38.37879
带纹理六面体(Bird)	4772.03982	3722.19106	3101.82587	1001.84872
迷宫漫游(HP)	623.45001	492.52551	430.18051	137.56603

小　　结

本节针对移动设备的特点，提出了一种低代价的各向异性纹理映射滤波器。它具有较少的硬件实现代价和计算量，并能够得到较好的图像效果，其主要优点为：①减少系统内存带宽，充分利用纹理单元；②减少 ROM 权重表容量和相关计算；③减少透视纹理映射个数，只需三套独立映射；④减少了纹理单元的计算量。下一步要做的工作是：设计一个有效的方法，进一步减少权重计算时的代价；装载更少的纹理单元，使其适应 GPU 的系统带宽，并获得更好的图像效果。

6.2　混合自适应法线图纹理压缩算法

真实表现复杂三维物体表面细节信息已成为目前图形学发展的一个基本需求和趋势。从凹凸映射技术衍变而来的法线映射蕴含了更为细致的表面信息，可表现出复杂物体的细节信息。法线贴图的主要优点在于其可在不丢失模型细节信息的情况下最大限度地减少 3D 模型建模所需的面片个数，从而加快模型的 GPU 流水线处理速度。由于法线映射需耗费大量 CPU 计算、宝贵的显存空间并占据有限的纹理带宽。为缓和上述矛盾，纹理压缩技术于近年来得到成熟发展，其可有效地利用显存空间和带宽，提高整个图形流水线的处理速度。

相对于 PC 设备，低功耗的移动设备的计算处理能力和存储容量都较低，且带宽更窄，因此，对于低功耗、低性能设备来说，纹理压缩技术显得尤为重要。纹理压缩技术目前发展较为成熟。研究者提出了一种块分割编码(block truncation coding，BTC)的方法。作为 BTC 的一个简单扩展，Campbell 等(1986)提出了彩色单元压缩(CCC)技术。由于每 4×4 块只使用了两种颜色，所以不可避免地存在块伪像和条带伪像。Iourcha 等(1999)对 BTC/CCC 方法做了改进以提高颜色数据编码，设计了被工业界称为 S3TC 的技术。为了使纹理压缩可在低功耗设备特别是移动设备中使用，有人提出了一个本质上不同的方案，使用两个低频图像信号和一个低分辨率的调制信号来表示一个压缩子块。遗憾的是，上述技术和算法都是针对通用纹理的压缩算法，而对于法线纹理的压缩效果并不理想。

调色板是一种典型的向量量化形式。目前，调色板纹理压缩技术以软件的方式用于移动设备，被 JSR 184 和 OpenGL ES 1.0 所支持。调色板技术能产生较高的图像质量。然而，调色板技术的间接解码会增加存取时延，并且需占据较多的存储空间。Ström 和 Akenine-Möller 提出了面向移动设备 GPU 的 IPACKMAN 纹理压缩算法。除通用纹理图片之外，还可将此算法应用于法线纹理压缩，但其实验结果表明，此方法对纹理高频部分压缩效果并不好。有研究者提出使用 JPEG 标准的图像压缩技术来开发有效的法线纹理压缩算法。虽然此方法达到了较高的压缩质量和压缩比，但是其硬件实现代价仍然太高。此外，又有研究者提出一种针对压缩法线图的评测模型，为衡量法线图压缩策略提供帮助。为了弥补 S3TC 压缩法线图的不足，ATI 公司改进了 DXT5，提出交换 DXT5(swizzled DXT5)技术。ATI 公司提出的 3DC 是面向法线映射的纹理压缩技术，它提供了将近 4∶1 的压缩率，并可提供较好的纹理压缩品质。然而，它并不能表示高精度法线图，导致与原图像具有一定的压缩误差；而且其压缩比例不是很高，压缩后的纹理仍然需要占据大量显存空间和带宽。

本节主要针对法线纹理贴图压缩技术进行研究，提出一种面向低功耗设备、具有低硬件实现代价的混合自适应纹理压缩算法，在最大化保持纹理颜色信息的情况下，使法线纹理图片达到较高的压缩率。

6.2.1 压缩算法

1. 算法思想

通常，法线贴图使用 RGB 颜色分量来存储法线的(x,y,z)三个分量的值，并使用以下公式来实现映射：

$$(x,y,z)=\frac{2}{255}(R,G,B)-1 \tag{6.6}$$

式中，R 和 G 值的范围是[0，255]；B 为[127，255]，对应的 x 和 y 值的范围为[−1，1]，z 值范围是[0，1]。由于法线的方向永远是指向物体表面的外部，所以 z 总是正值。

为了阐述方便，使用如下相关定义。

定义 6.1 零纹理单元(ZeroTexel)，纹理单元 RGB 值为(127，127，255)。

定义 6.2 零块(ZeroBlock($m\times m$))，包含 $m\times m$ 个纹理单元，且其均为零纹理单元。

定义 6.3　零片(ZeroTile($n \times n$))，此片包含 $n \times n$ 个块，且此片的所有块都为零块。

法线贴图主要用来表现模型的细节信息，而对于大部分 3D 模型，其细节部分占据整个模型的比例并不高。现以 Doom3 游戏中使用到的 60 个纹理图片为样本，测试发现法线贴图中存在大量零纹理单元。如果能充分利用此特性，使用类似行程编码压缩思想，仅对这些零纹理单元进行标记而不存储，必定可提高纹理压缩比例，节省宝贵的显存空间。

本节算法采用通用的基于块压缩的思想来压缩法线图。此时，样本中零块所占比例成为我们能否使用块压缩技术的关键。因此，本节利用法线贴图存在大量零像素/块的特性，结合行程编码和块编码两者的优点设计出一个高压缩率并且适合硬件实现的法线图纹理压缩算法——基于分片的空闲存储压缩算法(tile-based spare store compression algorithm，TSSCA)。然而，并不是所有的法线纹理图都包含大量的零块，事实上仍有部分法线图只是包含了较少或很少的零纹理单元。为使我们的纹理压缩算法具有普适性，本节提出了两种不同于 TSSCA 的压缩策略，以压缩不具备大量零纹理单元的法线图。当法线纹理图包含很少的零纹理单元时，使用改进 3DC 算法(improved 3DC，I3DC)压缩法线纹理图。反之，如果法线纹理图包含的零纹理单元个数不是很多，我们利用块索引表方法(BIT)来压缩法线图。

2. 算法实现

1)I 3DC 算法

为克服 3DC 不能表示高精度法线图的缺陷，本节使用高精度法线图存储方法——I 3DC 算法，使用 4 位来表示每个纹理单元的索引，即将一个 4×4 纹理单元块在 X、Y 的最大值和最小值之间进行插值计算，获得 14 个位于这两个极值之间的中间插值。此外，为节约存储空间，我们在 I3DC 中存储块中 X 和 Y 的 Delta 值，并使用 4 位表示。相对于 3DC 中 8 位的 X、Y 最大值，每个块可节省 1B。图 6.4 列出了采用 3DC 和 I3DC 方法对于一个 4×4 纹理单元块的位存储布局。

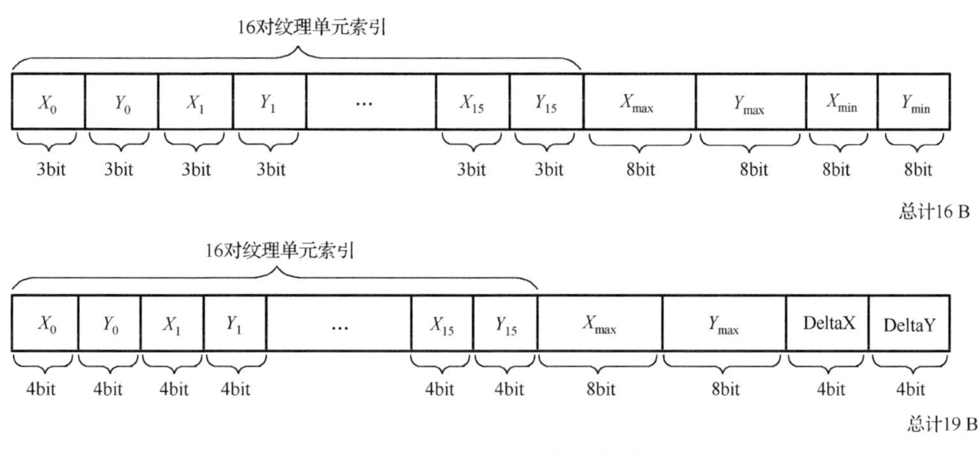

图 6.4　3DC 和 I3DC 位存储布局

2)块索引表算法

当零纹理单元占据整个纹理图片的比例并不高时，采用块索引表算法压缩法线图。

显然，此时图中的零块比例也不多。在压缩存储之前，首先预处理整个法线图并建立一个块索引表。在此块索引表中，为每个块设置一个标志，如果标志值为 0 表示其为零块，否则为非零块。对于非零块，按照 I3DC 算法存储，如图 6.5 所示。

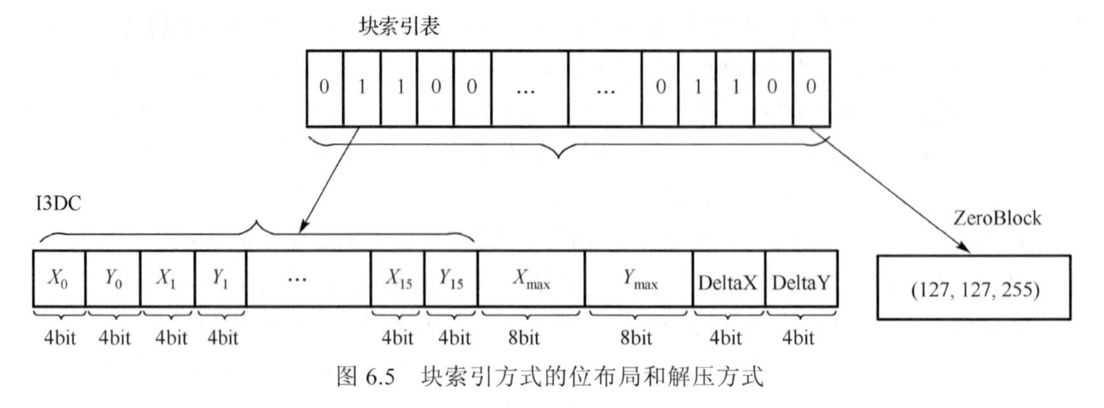

图 6.5 块索引方式的位布局和解压方式

3) 基于分片的空闲存储算法

正如上面所述，不存储零块可以节省宝贵的存储空间和显存带宽。然而，此方法给实时解压带来问题。本节引入在光栅化和纹理映射中已获得良好应用效果的片(tile)划分机制。在 TSSCA 中，整个纹理空间被分成 $m \times n$ 片，并对每个片而不是整个图建立简化索引表，如图 6.6 所示。此时解压定位某个纹理单元的具体存储位置不必在整个纹理空间，而是在特定的片中。此方法减少了统计非零块操作的时间，从而实现纹理单元的快速解压和随机存取问题。此外，由于块索引表并不存储每个块的实际存储位置，而是通过简单计算获得，有效地减少了块索引表的存储空间。

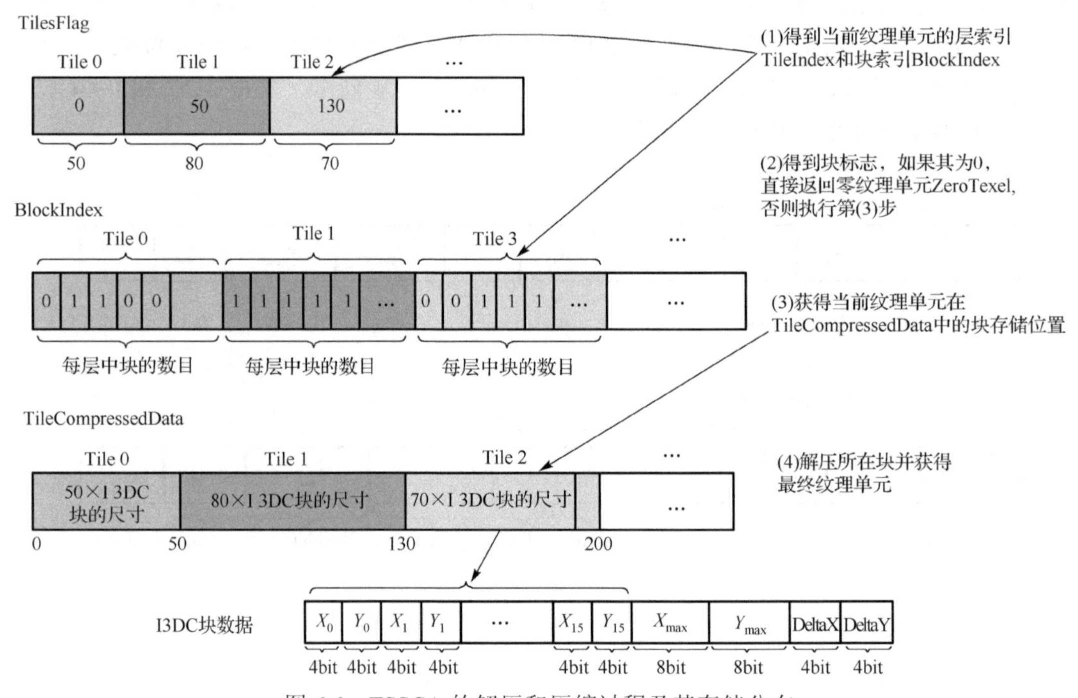

图 6.6 TSSCA 的解压和压缩过程及其存储分布

下面结合图 6.6 详细阐述 TSSCA 解压和压缩步骤。

(1) 压缩过程。

① 将整个纹理图划分为 $m \times n$ 片，每片包含了相同个数的块。TilesFlag 是一个整数数组，数组每个成员的值为当前片所包含的非零块在实际存储纹理单元数据 TileCompressedData 中的块首地址。同时，通过此值可得知每片的非零块个数。例如，在 TileFlag 的第 0、1 和 2 个元素中分别存储值 0、50、130。此时，可以得出片 0、1、2 的非零块的个数分别为 50、80 和 70。

② 使用上述的块索引表算法为每个片建立一个块索引表。

③ 将所有非零块存储在 TileCompressedData 中。与块索引表算法相同，使用 I3DC 方法存储每个压缩块。

(2) 解压过程。

① 已知当前纹理单元的 u,v 坐标，由于 TSSCA 是基于块的压缩方式且片的大小相同，可快速获得此纹理单元的片索引号 TileIndex 和块索引号 BlockIndex。

② 根据 TileIndex 找到此片的块索引表，并在此索引表中获取此纹理单元所在块的零块标志 BlockFlag。如果值为 0，表示此纹理单元是零纹理单元，立即返回颜色值(127，127，255)，否则继续执行下一步。

③ 此步的目的是得到当前纹理单元所在块在 TileCompressedData 中的实际存储位置。可以通过统计位于当前块之前的非零块的个数，获得当前块的实际存储位置。

④ 按照 I3DC 算法解压得到纹理单元的颜色值。

概言之，TSSCA 利用了法线纹理图中包括大量零块的特性，在满足快速解压和随机存取的基础上节省了宝贵的存储空间并改进了图像质量。

6.2.2　实验结果与分析

本节主要从法线图的压缩比例、图像压缩质量和解压代价三个方面来评估本节提出的混合自适应压缩算法，并将其与 3DC、S3TC 算法进行比较和分析。本节使用的测试样本来自于 Doom3 游戏中的法线纹理图，为测试中统计和比较方便，选择 24 张大小为 256 像素×256 像素的图像。

1. 压缩比例

与 3DC 压缩方法类似，I3DC 与基于块索引表的方法的压缩率为 33%。因此，本节主要分析 TSSCA 的压缩率。每个压缩图像相对于原图像(SourceImage)的压缩比例计算方法如式(6.7)所示，其中 ZeroBlockRatio 为零块率。

$$\text{TSSCA} = 19 \times \text{ZeroBlockRatio} / (16 \times 3) \tag{6.7}$$

每个块压缩后的大小为 19B，ZeroBlockRatio 表示图像的零块比例。由于每幅图片中零像素(块)所占比例并不相同，因此 TSSCA 的压缩比例并不固定。以 24 个样本为例，测试其压缩比例。实验结果表明，TSSCA 整体压缩比例为 0.1985，明显低于 3DC 的 0.3333。

2. 压缩质量

本节使用软件模拟实现了 3DC、S3TC 和 TSSCA 算法。从样本中取出一幅图片作为测试图片。实验结果表明使用 3DC 和 S3TC 压缩算法解压后的法线图在图像的边缘处存在较严重的失真现象，而采用 TSSCA 的图像的细节部分保持较好，如图 6.7 所示。相应地，表 6.5 列出了此 S3TC、3DC、TSSCA 算法对 24 个样本的 PSNR 值，分别为 36.67dB、38.34dB、45.59dB。可以看出，TSSCA 所得的 PSNR 值最大，表明其效果最好。

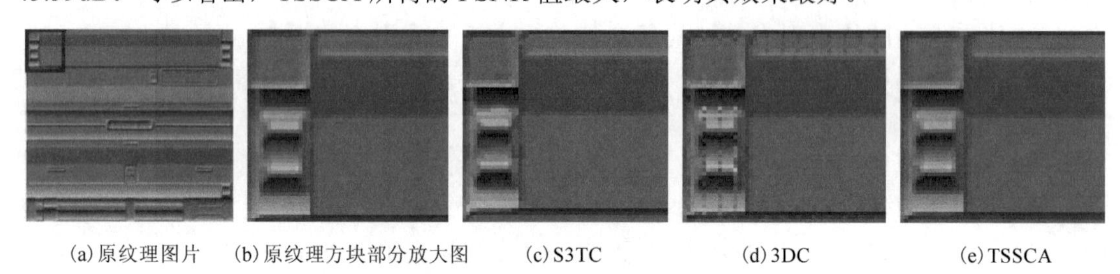

(a)原纹理图片　(b)原纹理方块部分放大图　(c)S3TC　(d)3DC　(e)TSSCA

图 6.7　不同算法压缩效果比较

表 6.5　不同压缩算法的 RMS 与 PSNR 平均值

算法	S3TC	3DC	TSSCA
RMS/dB	8.01	6.32	1.80
PSNR/dB	36.67	38.34	45.59

3. 解压代价

解压代价是衡量纹理压缩技术硬件实现的性能优劣与代价高低的一个重要指标。针对本节提出的混合自适应压缩算法，分别分析 I3DC、块索引表和 TSSCA 的解压代价并与 3DC 算法相比较。

对于 I3DC 算法，其解压代价要小于 3DC，因为在获得指定纹理单元的颜色时，I3DC 采用简单加法操作代替计算复杂的乘、减法操作。而对于块索引表压缩算法而言，其解压代价也要小于 3DC 算法。例如，当零块的个数占据了 20%时，由于零块不需要解压，因此解压代价降低为 3DC 算法的 80%左右。对于 TSSCA 而言，其解压代价计算较为复杂。经软件模拟测试其占据总解压时间的 71%～82%。以上述 24 个图像为样本，当平均 ZeroBlockRatio 为 0.5423%时，TSSCA 的解压代价为 3DC 的 94%。

以上实验结果表明，本书的方法能够获得较高的压缩比例，约为 0.1985%，并能取得比传统 S3TC、3DC 等算法较好的压缩质量，同时能够得到比 3DC 更低的解压硬件代价。

小　结

本节提出了一种基于混合自适应法线图的压缩算法，该算法利用了某些法线纹理具有大量零区域的特性。为使本算法具有普遍性，我们使用三种不同的压缩策略自适应处理包含大量、较多或较少的零纹理单元的法线纹理图。实验结果表明该算法能够满足高压缩(实现了 0.198%的压缩比例)和良好图像压缩效果的要求，并且能够达到实时解压和随机存取的功能。在今后的工作中，我们将采用后处理优化方法进一步减少块与块之间的伪像，提高图像的质量。另外，本书的算法目前只是利用了图像的空域特征来分析图像，在下一步工作中，将从频域角度改进我们的算法。

6.3　基于 JIT 的移动图形库优化技术

目前，各种基于移动设备的三维图形应用得到快速发展，鉴于移动设备的各种缺陷，如何实现图形的实时绘制和交互成为移动图形学中研究的重点和难点。作为图形应用程序实时显示的低层支撑，三维图形绘制库的性能高低成为决定图形绘制效率的一个关键因素。针对移动设备特性所制定的 OpenGL ES 标准已成为三维图形库各种实现的依据，目前主要通过软件和硬件两种方法实现移动图形库各种功能，完成移动设备上的图形绘制。显然，硬件实现可以显著地提高图形处理速度和性能。但是，对于软件实现其具有成本低、研发周期短的优点，并且各种硬件显卡目前并未在移动设备上得到普及，因此对于移动设备而言各种软件实现仍具有较大意义。本章所提出的 M3D 是我们与杭州波导软件有限公司合作开发的遵循 OpenGL ES 1.0 标准的面向移动设备的图形库软件实现。

流水线技术的引入是实时绘制技术的一个突破，其将整个三维绘制任务分成若干阶段并行进行，大大提高了绘制效率。同时，已提出的面向图形流水线体系结构的各种优化算法和技术解决了流水线中存在的性能瓶颈，加快了整体绘制速度。对于软件实现来说，各种 CPU 级别的优化方法也得到广泛应用。主要包括：针对不同的嵌入式设备 CPU 特性的高级语言优化；采用高效的汇编语言来书写一些耗费 CPU 计算的语句；采用 JIT 编译技术，在程序运行时动态地将部分程序转化为本地机器代码。此技术在 swShader 和 Vincent 中得到较好的利用。

JIT 编译技术在程序运行时动态地将部分程序转化为本地机器代码，此技术常常在 Java 语言中使用。因为 Java 语言的一个特点是可移植性，它使用 JIT 编译器将 Java 语言编写的程序根据机器 CPU 的不同动态地编译成不同的机器代码。在三维图形流水线中，由于其处理的特殊性，也经常采用这种技术。因为从最抽象的观点来看，3D 流水线的绘制是一个状态机。在整个绘制过程中，询问流水线的状态花费了大量的时间，而在实际的程序运行中，许多状态设置是不变的，采用 JIT 技术可以避免对重复状态的询问，从而节省大量时间。很多相关工作都在它们的图形库中采用了 JIT 后端编译器，并取得了良好的运行效果。

6.3.1　基于 JIT 技术的改进混合光栅化方式

目前在光栅化阶段主要采取基于扫描线和基于像素的两种光栅化模式。在 PerScanline 模式中如 Klmit 和 Mesa，对每一个可能对像素的最后结果有影响的各种操作执行相应的前期测试，如果它影响此像素的结果，则将此操作形成的结果写入缓存中，并与缓存中已有的结果进行混合。这种方法的优点是较为灵活，因为它允许仅使用少量的代码实现多种不同的状态组合。但其缺点是速度慢，主要原因是写缓存和混合耗费了大量的内存带宽，这在低性能和低内存的移动平台上是不适用的；另外一个导致速度慢的原因是 Z-TEST 操作在写入缓存之前，导致即使这条扫描线不可见，仍然要对它做纹理、融合和雾处理等耗时的操作。在 PerPixel 模式中，每一个操作都是针对像素的，对每个像素做深度测试、纹理合成和雾处理等。因此从理论上说，它的速度要比 PerScanline 模式速度更慢。但是，可以采用多种方式来优化，如深度测试操作提前，这样就可以避免对不可见的像素的操作开销。

有研究者使用 JIT 编译器在运行时动态编译光栅化操作所需要的代码，将光栅化阶段中最耗时的操作都放在片元函数中处理，并由 JIT 后端编译器动态编译生成可执行代码。此技术提高了程序的运行速度，取得了良好的效果，但是仍存在如下缺点：①产生的不同状态的片元化函数所生成的机器代码较大；②片元化函数中存在大量的重复代码，不利于内存的优化；③高速缓存中的函数调用方式效率较低；④没有充分利用频繁使用的状态绘制函数。

为克服上述缺点，我们采用一种基于 PerScanline 和 PerPixel 的混合模式，利用 JIT 后端编译器和 PerScanline 模式中固定流水线状态处理函数方法提高整个 3D 流水线效率。

通常在 3D 场景运行中，某些流水线的状态组合是频繁使用的，如果将这些频繁使用的流水线处理函数常驻缓存，其将有助于提高整个程序的运行性能。因此，在几何阶段之前我们引入预编译处理阶段，使用 JIT 后端编译器编译 PerScanline 模式下频繁使用的状态组合函数并将编译后的二进制代码预先存入函数缓存中。此方法充分利用了频繁使用函数，使程序运行速度加快。此外，由于这些频繁使用函数的源代码比片元化函数要少，因此相对 PerPixel 模式的 JIT 编译方法，此方法可以有效节省代码空间。

基于 JIT 技术的混合光栅化方式主要包括预编译、几何处理、光栅化和显示四个阶段，如图 6.8 所示。

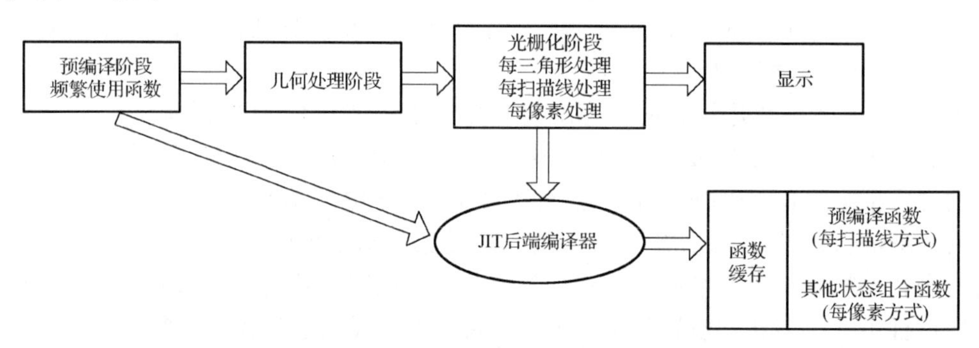

图 6.8　基于 JIT 技术的混合光栅化方式的框架

(1) 预编译阶段。在 3D 程序开始运行的时候，使用 JIT 后端编译器将频繁使用的函数预编译成二进制可执行代码并常驻函数缓存。

(2) 几何处理阶段。进行顶点转化、光照计算、投影、裁剪操作，此阶段和 JIT 无关。

(3) 光栅化阶段。此阶段首先通过改进的函数缓存调度算法来决定是从缓存中直接执行已存储在缓存中的某个函数还是编译此状态设置下的函数。之后，执行每三角形处理、每扫描线处理和每像素处理完成整个光栅化过程。

(4) 显示绘制结果。

6.3.2　函数缓存调度算法

(1) 当某种流水线的组合状态出现时，首先将其与缓存中的频繁使用函数状态组合相比较，如果与某个相同，程序执行相应的函数机器代码，反之与存于缓存中的其他流水线状态函数比较。

(2) 如果在整个函数缓存中都没有找到相同的状态函数，那么 JIT 后端编译器将此函数编译成可执行机器码并将其存入函数缓存中。

(3) 由于函数缓存的容量是有限的，不可能将所有的状态组合对应的函数都编译写入缓存中。因此，当函数缓存已满时，可以采用函数调度算法替换和调整缓存中存储的函数。此处，我们采用 LRU 算法替换最近使用概率最少的函数。不同于通用的 LRU 算法，对存储于缓存中的所有函数赋予不同级别。显然预编译的函数必定为高优先级别，而其他函数则根据它们的执行顺序赋予不同优先级别。

6.3.3　JIT 后端编译器设计

1) 效率分析

动态编译过程是运行时编译源代码并生成机器代码的过程，因此程序(函数)执行的时间主要由两部分构成：

$$T_{\text{total}} = T_{\text{c}} + n \times T_{\text{e}} \tag{6.8}$$

式中，T_{total} 是程序(函数)运行的总时间；T_{c} 是动态编译某函数的时间；T_{e} 是执行存储在函数缓存中的函数机器代码的时间。为最小化 T_{total} 的值，需从减少 T_{c} 和 T_{e} 的值两方面入手。然而，T_{c} 和 T_{e} 两个时间是相互关联的，通常编译速度快的编译器编译后的机器码执行速度较慢，反之执行速度较快。为达到程序的最佳优化，必须在两者之间做出权衡。由于在程序运行时，缓存中的函数被频繁调用，因此当 n 值较大时，T_{total} 值可近似等于 $n \times T_{\text{e}}$。此外，预编译函数并不占用应用程序的执行时间。基于以上两点，可得出优化 JIT 后端编译器减少 T_{e} 执行时间是提高程序运行效率、降低函数总运行时间的有效方法。

2) JIT 后端编译器的体系结构

图 6.9 是本节采用的 JIT 后端(backend JIT，BJIT)编译器体系结构图。在此后端编译器中，首先使用自定义的中间代码来重写所有的函数并将其传入 JIT 编译器编译。作为一种后端编译器，此处实现的 BJIT 编译器并不需要进行词法分析、语法分析和语义解析等过程，而只是经过寄存器分配等过程将中间代码转化为特定机器码。因此，此处定义的中间代码是一种与目标机器相关的类汇编语言，如我们为 ARM 和 Bird 公司的 Epson CPU 定义的两套不同的中间代码。

其次，后端编译器通过执行如下几步将中间语言编译成高效的汇编指令：①预分配虚拟寄存器；②优化虚拟寄存器及其伪指令；③使用图着色(graph coloring)算法进行寄存器分配；④生成适用目标机的汇编代码。此阶段的工作是影响程序最后执行效率的关键，大部分的优化工作将在此处展开。

在得到高效的汇编代码后，其被解析转化为目标机器可识别的机器代码并存储在函数缓存中。在 BJIT 中，我们将其解析为适用 ARM 或 Bird 公司的 Epson CPU 芯片的机器代码。

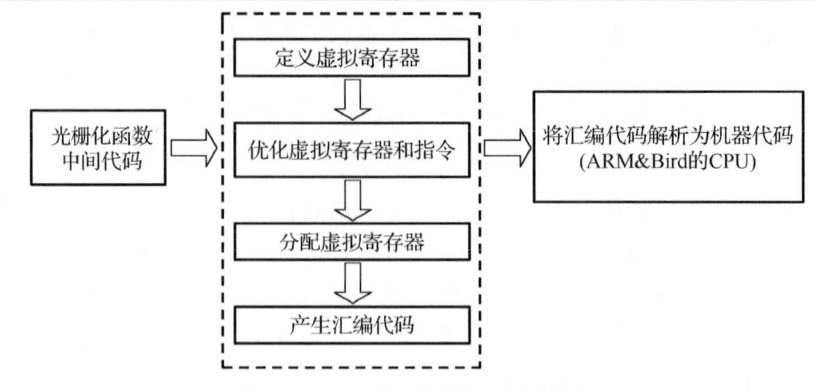

图 6.9　JIT 后端编译器体系结构

目前，我们的 BJIT 刚刚完成，实现了适用 ARM 的动态代码生成，而对于 Bird 公司特定 CPU 的实现工作正在进行中，优化 BJIT 的性能是下一步要完成的工作。由于程序运行中有频繁的内存访问和新变量分配，所以我们拟采取线性扫描算法代替图染色法提高寄存器分配效率。此外，由于程序中存在大量的复制和存储操作，我们采用 copy propagation 和 spill elimination 命令删除多余的复制和存储操作。

6.3.4　实验结果与分析

在 M3D 图形库基础上，我们分别在波导公司 E868 和 HP iPAQ Pocket PC 2003 上实现了几款简单三维移动游戏，如图 6.10 所示。其中，E868 移动电话使用 DoEasy 操作系统，EPSON E1c33 微处理器，显示刷新频率为 4.5FPS(frames per second)，5.4MB 闪存和 2MB SDRAM。EPSON E1c33 处理器的主频为 20MHz，但为了稳定运行，其通常运行在 5MHz。HP iPAQ 装配了 ARM 处理器，其主频最多能达到 400MHz，内存 ROM 容量为 32MB，内存 RAM 容量为 64MB，显示刷频率为 20FPS。

图 6.10　三维菜单、模型和魔方游戏截屏

由于 M3D 中使用了基于 JIT 技术的混合光栅化模式，其性能得到了较大提高。现以绘制 1960 个点、960 条直线和两个带纹理的三角形每帧所运行时间(ms/帧)为标准(图 6.11)来对比采用 JIT 混合光栅化模式的 M3D 库和未采用此技术的 M3D 库的性能。

(a)包含 1960 个点

(b)包含 960 条直线

(c)包含两个带纹理的三角形

图 6.11　JIT 实验

从表 6.6 可以看出，采用 JIT 技术混合光栅化模式的 M3D 库性能得到了较大的提高。对于绘制带纹理的三角形，其性能可以提高 1.72 倍，直线则可提高 2.47 倍。对于点而言，虽然性能并未得到明显提高，但由于 3D 应用程序中最基本的操作是三角形绘制，因此其并不会影响 JIT 对 3D 应用程序运行性能的提高，如采用 JIT 技术后的迷宫游戏可得到比未采用 JIT 技术更高的 FPS 值，使画面运行效果更为流畅。

表 6.6　采用和未采用 JIT 技术的混合光栅化模式的 M3D 库性能比较

绘制模型	采用 JIT 技术混合光栅化模式 M3D	未采用 JIT 的 M3D 库
两个带纹理的三角形	22.546667	61.375000
960 条直线	45.000000	156.060608
1960 个点	160.409088	189.615387

小　　结

为提高 M3D 库的性能，本节主要介绍了本节提出的一种基于 JIT 技术的混合光栅化方法。实验结果和实际应用表明此 JIT 技术能够取得较好的运行效果。在今后的工作中，我们需对 M3D 库进行进一步优化处理，包括 JIT 技术中后端编译器的优化、各种采样算法和反走样算法的实现与优化。

第 7 章　结　　论

综上所述，移动计算环境是对原有桌面强力工作站环境和高性能大型计算服务系统的有力补充，它的出现使数字信息的获取和处理在物理空间上得到了很大的延拓。本书从移动图形学的研究现状出发，从移动图形计算中的三维图形数据传输机制、图形流水线体系结构及优化技术、三维图形表示与快速绘制三个方面来评述相关研究。

移动图形计算的研究重点是以智能手机为代表的移动数据终端上的图形数据处理理论与方法。基本目标是建立一种无线环境下适用于移动终端设备的三维图形处理理论与应用框架，以克服无线网络信道数据传输和移动设备自身的弊端，提高移动环境中三维图形的显示质量，基于移动环境的三维图形处理理论框架正在逐渐形成，但大部分工作尚处于起步阶段，许多问题的研究需要进一步深入，目前无线三维模型传输方法的研究重点在于克服无线网络的丢包现象和低带宽限制，在充分利用三维模型特征的基础上，设计一种客户端视觉最优化的、低负载的鲁棒传输机制。虽然在图形流水线优化方面，从某种程度上改进了移动平台的三维图形绘制效率和速度，但是不足的地方是，已有研究更注重移动设备本身的特殊性，而忽略了三维图形数据特点以及具体在移动环境中的应用场合。

本书谈及的移动图形学的关键技术包括：①移动有损网络中模型传输分组算法，解决渐进三维模型在非可靠网络中传输时会产生数据包的丢失，由此导致客户端模型的绘制时延和视觉误差的问题，是一种有效的全局分步等划分分组算法；②移动有损网络中基于预测重构纹理化模型传输机制，为解决渐进模型在移动有损网络中传输时由于丢包所带来的视觉影响，从面向彩色纹理化渐进模型、从网络传输协议和客户端错误恢复角度出发实现模型快速稳健传输和丢失报文恢复机制；③面向移动设备的混合自适应纹理压缩算法；对法向纹理图进行压缩以节省宝贵显存空间和带宽资源的一种混合自适应纹理压缩算法；④面向移动设备的各向异性纹理映射算法；各向异性纹理映射是一种减少纹理走样现象，实现高质量图形效果的纹理映射技术；⑤移动图形的优化与应用，移动图形库是移动设备中显示 3D 图形的底层支撑，其性能优劣直接影响了三维图形应用程序在移动设备上的实时绘制效率。

在面向网络传输的三维模型简化与编码方法中，视觉显著性检测计算是指利用数学建模的方法模拟人的视觉注意机制，对视场中信息的重要程度进行计算。视觉显著性计算模型大致上可分为两个阶段：特征提取与特征融合。在基于显著性的三维模型简化方法中，提出了新颖的视觉显著性测量方法，支持纹理化 3D 模型简化，其中模型的语义细节以网格几何和纹理图像以集成方式识别，与现有方法相比，这种方法将网格几何和纹理贴图作为一个整体进行处理，以生成统一的显著性图，以识别模型的正确语义细节，从而支持简化并且能够很好地保留纹理模型的重要细节，以达到良好的渲染质量。在基于显著性的纹理压缩方法中，提出了一种纹理贴图的压缩方法。在这种方法中，我们考虑纹理贴图的特殊功能，即它与 3D 几何信息相关联。尽管如此，这项工作仍有一些改进。在显著性图计算过程中，本书的方法不能获得不同特征图的适当系数，以自动形成每个纹理模型的最终显著性图。因此，在将来，我们将在为不同的特征图分配权重时使用如支持向量机的机器学习方法。此外，我们打算通过考虑加权稀疏编码来改进本书的ROI编码方法。

在面向网络传输的三维网格动画压缩编码方法中，面向网格动画的帧聚类(frame-clustering)算法执行类K-means聚类算法，使相似的网格帧聚集到一起成为一类。在找到各类代表帧后，可以通过对代表帧的传输实现网格动画的渐进传输。本节在确定帧与帧之间顶点矩阵的变换矩阵时，虽然通过ICP算法计算得到的变换矩阵匹配得比较准确，但是耗费时间较多，效率过低，因此下一步考虑利用优化的ICP算法或新的思路对三维网格数据进行匹配，从而减少运行时间。基于谱图小波的网格动画压缩算法将尝试分别采用基于坐标值预测差和基于轨迹PCA两种完全不同的方法来得到不同的定义在网格顶点上的信号，构造网格谱小波变换。在执行帧聚类时聚类个数的设置以及在进行轨迹PCA降维时重要的特征向量个数的设置时，我们为了取得最优结果，通常需要经过多次重复实验而花费大量时间，效率过低，需要对这些过程做进一步优化，以提高效率。非线性约束的整数规划时域聚类算法根据动画序列模型，其时域上即帧间存在很大的冗余。因此为了去除网格序列在时间上的相关性，该方法对全部的帧序列执行时域聚类，使相似的网格帧聚集到一类作为网格动画压缩的预处理。我们未来的工作是在该方法的基础上研究出一种可自适应获取权重以及聚类个数的压缩算法。基于模型运动性与空间连续性的分割算法及编码在空间序列上，该方法将运动相似的顶点聚为一类。为了进一步提高压缩率，把空域分割的结果标记为运动比较剧烈的、平缓的和几乎不变的类别，我们可根据客户端的需求及资源可用性自适应地处理。但是当处理的动画模型总是做重复的运动时，本书保证帧间连续性的聚类对于压缩率来讲是不恰当的。以后将进一步优化空域分割使特征向量的求取变得更简单有效。同时聚类的个数也是影响压缩性能的一个因素，因此，本书的算法以后将做到自适应地选取最优聚类个数。

在面向移动网络的三维场景传输方法中，基于用户指定误差精度的三维场景传输方法的工作也是以用户实际需求为驱动的三维模型传输。让用户来决定所需传输模型的重构误差精度，服务端根据这个误差指标对三维模型的几何数据进行合适的处理，从而使重构模型的误差落在用户所需的误差精度范围内。基于用户指定误差精度的三维场景传输方法提出了用户指定误差精度的三维模型传输框架，并介绍了拉普拉斯坐标转换的步骤，详细讲述了因量化δ-coordinates相对坐标而丢失的信息对重构模型低频误差的影响，而添加锚点可以减小这种误差，还分析了两种锚点选取方法的优缺点和效率。尽管场景传输中视觉误差与低频误差的精度控制方法在三维模型的压缩与传输技术方面做了一些工作，但由于理论知识、实践水平以及时间上的限制，该方法的研究工作还存在许多不足之处，需要对其进行进一步的改进和深化。基于多视点的三维场景低延迟远程绘制方法中，基于客户端服务器的图像远程绘制方法介绍当前远程绘制系统的分类，着重提出基于空洞的修补算法，算法通过预先保存两参考视点的图像变形到中间视点处空洞处的像素，实现了对空洞的更有效修复。基于边缘预测的视点选择方法介绍了基于多深度远程绘制系统中服务端的视点选择算法。然而，其中却有一些不尽人意的地方仍然值得去挖掘、研究和探索。针对空洞修补问题，该方法拟通过传统的图像修补算法加上深度图的深度信息的混合修补算法来解决。该方法提出的客户端 Cache 策略，为解决客户端交互延迟问题，提出通过预先保存当前运动轨迹下一步预测的参考视点及其上步的参考视点作为 Cache 视点来提高客户端的交互帧率，针对两种交互方式的远程系统分别采用不同的 Cache 策略。

在面向移动网络的三维模型分组与传输方法中，面向非可靠网络的分组方法中基于自适应图着色与虚拟分割的三维模型分组算法提出了一种面向无线网络传输的基于虚拟分割与自适应图着色的三维模型分组方法。然而由于该方法中对于丢失的顶点的重构采用的方法还是基于几何平均的方法，精确度并不是很高。在未来的工作中，将进一步研究如何提高丢失顶点的重构精度。面向非可靠网络的渐进模型分组算法提出了一种在有损网络中传输 3D 渐进模型的有效分组方法，其中的非冗余 DAG 依赖图可以显著减少有向边，节省内存空间，以降低计算复杂度，并且间接提高了下一步全局分步分组算法的性能，最小化分组之间的依赖性。虽然该方法能较好地解决非可靠网络中 3D 模型的传输和绘制问题，然而丢包重传的时间开销仍然较为严重。在今后的工作中，我们将进一步研究选择重传机制，根据丢失报文的重要性判断，决定重传、本地重构或者丢弃。此机制可以减少丢包所造成的重传次数，节省有限的非可靠网络带宽，从而进一步降低客户端模型的绘制等待时间。本书在基于视觉优化的三维模型传输与实时绘制方法中提出了一种无线网络环境下基于视觉优化的多分辨率三维模型实时绘制方法。在下一步的工作中，将在该方法的基础上通过采用有效的模型几何压缩编码、快速解压方法及动态模型传输机制的方法进一步减少网络中实际传输的数据量，从而节省宝贵的无线网络带宽。基于预测重构模型传输机制讨论了彩色纹理化模型在移动有损网络中的传输方法，提出了一种基于客户端的预测重构传输机制。该方法提出的传输机制和各种预测算法使客户端在获得较好的模型视觉质量的同时缩短了模型传输时间。下一步我们将从如下两方面考虑如何改进模型传输效率：为进一步减少网络带宽限制，可以选择采用动态模型传输机制，此时服务端只需传输用户可见部分，不必再发送所有模型数据；由于彩色纹理化模型中纹理数据也占据了大量带宽，因此应考虑如何在带宽一定的情况下分配纹理和几何数据的带宽比例。

基于流水线的优化算法与图形库面向移动设备的各向异性纹理映射方法针对移动设备的特点，提出了一种低代价的各向异性纹理映射滤波器。它具有较少的硬件实现代价和计算量，并能够得到较好的图像效果。针对该算法的未来工作是：设计一个有效的方法，进一步减少权重计算时的代价；装载更少的纹理单元，使其适应 GPU 的系统带宽，并获得更好的图像效果。混合自适应法线图纹理压缩算法中提出了一种基于混合自适应法线图的压缩算法，该算法利用了某些法线纹理具有大量零区域的特性。为使该算法具有普遍性，我们使用三种不同的压缩策略自适应处理包含大量、较多或较少的零纹理单元的法线纹理图。在今后的工作中，我们将采用后处理优化方法进一步减少块与块之间的伪像，提高图像的质量。基于 JIT 的移动图形库优化技术，为提高 M3D 库性能，我们主要介绍了一种基于 JIT 技术的混合光栅化方法。在今后的工作中，我们需对 M3D 库进行进一步优化处理，包括 JIT 技术中后端编译器的优化、各种采样算法和反走样算法的实现与优化。

为扩大图形学的应用范围，本书所提供的方法可以提高实现 3D 图形在移动设备上的流畅绘制的性能，得以深化该领域的研究内容。

参 考 文 献

杨柏林, 金剑秋, 江照意, 等, 2013. 基于三维几何视觉重要性的纹理图像选择压缩算法[J]. 自动化学报, 39(6): 826-833.

杨柏林, 潘志庚, 2007a. 渐进三维网格在非可靠网络中传输的有效分组机制[J]. 计算机辅助设计与图形学学报, 19(11): 1404-1410.

杨柏林, 潘志庚, 2007b. 面向移动设备的各向异性纹理映射方法[J]. 计算机辅助设计与图形学学报, 19, 5: 569-574.

杨柏林, 王会琴, 谢斌波, 等, 2015. 基于虚拟分割与自适应图着色的三维模型分组方法[J]. 计算机辅助设计与图形学学报, (1): 51-59.

杨柏林, 王勋, 潘志庚, 2011. 无线网络中基于视觉优化的三维模型传输与实时绘制方法[J]. 通信学报, 32(2): 77-85.

杨柏林, 章志勇, 王勋, 等, 2010.面向移动有损网络的基于预测重构模型传输机制[J]. 计算机辅助设计与图形学学报, 22(1):37-43.

蔡苏, 赵沁平, 2006.三维网格压缩方法综述[J]. 计算机科学, 33(5)： 1-4.

AHN J H, KIM C S, HO Y S, 2006. Predictive compression of geometry, color and normal data of 3-D mesh models[J]. IEEE transactions on circuits and systems for video technology, 16(2): 291-299.

AHN J K, LEE D Y, AHN M, et al, 2011. R-D optimized progressive compression of 3D meshes using prioritized gate selection and curvature prediction[J]. The visual computer, 27(6/7/8): 769-779.

AILA T M, MIETTINEN V, NORDLUND P, 2003. Delay streams for graphics hardware[J]. ACM transactions on graphics, 22(3): 792-800.

AKENINE-MÖLLER T, 2003. An extremely inexpensive multisampling scheme[R]. Gothenburg:Chalmers University of Technology.

AKENINE-MÖLLER T, HAINES E, 2002. Real-time rendering[M]. Boston: A. K. Peters, Ltd.

AKENINE-MÖLLER T, STRÖM J, 2003. Graphics for the masses: A hardware rasterization architecture for mobile phones[J]. ACM transactions on graphics, 22(3): 801-808.

ALREGIB G, ALTUNBASAK Y, 2005. 3TP: An application-layer protocol for streaming 3-D models[J]. IEEE transactions on multimedia, 7(6): 1149-1156.

ALREGIB G, ALTUNBASAK Y, ROSSIGNAC J, 2005a. Error-resilient transmission of 3D models[J]. ACM transactions on graphics, 24(2): 182-208.

ALREGIB G, ALTUNBASAK Y, ROSSIGNAC J, 2005b. An unequal error protection method for progressively transmitted 3D models[J]. IEEE transactions on multimedia, 7(4): 766-776.

AMJOUN R, 2009. Compression of static and dynamic three-dimensional meshes[D]. Tübingen：Eberhard Karls University of Tübingen.

AZIZ M Z, MERTSCHING B, 2008. Fast and robust generation of feature maps for region-based visual attention[J]. IEEE transactions on image processing, 17(5): 633-644.

BAO P, GOURLAY D, 2004. Remote walkthrough over mobile networks using 3-D image warping and streaming[J]. IEE proceedings - vision, image, and signal processing, 151(4): 329-336.

BARTRINA-RAPESTA J, SERRA-SAGRISTA J, AULI-LLINAS F, 2009. JPEG2000 ROI coding with fine-grain accuracy through rate-distortion optimization techniques[J]. IEEE signal processing letters, 16(1): 45-48.

BAYAZIT U, KONUR U, ATES H F, 2010. 3-D mesh geometry compression with set partitioning in the spectral domain[J]. IEEE transactions on circuits and systems for video technology, 20(2): 179-188.

BÓO M, AMOR M, 2005. High-performance architecture for anisotropic filtering[J]. Journal of systems architecture, 51(5): 297-314.

CAMPBELL G, DEFANTI T A, FREDERIKSEN J, et al, 1986. Two bit/pixel full color encoding[J]. ACM SIGGRAPH computer graphics, 20(4): 215-223.

CHANG C F , GER S H, 2002. Enhancing 3D graphics on mobile devices by image-based rendering[J]. Lecture notes in computer science, 2532(2532):1105-1111.

CHEN D, COHEN-OR D, SORKINE O, et al, 2005. Algebraic analysis of high-pass quantization[J]. ACM transactions on graphics, 24(4): 1259-1282.

CHEN Y Y, SUN H Q, HUI L, et al, 2003. Modeling and rendering snowy natural scenery using multi-mapping techniques[J]. The journal of visualization and computer animation, 14, 1: 21-30.

CHEN Z H, BARNES J F, BODENHEIMER B, 2005. Hybrid and forward error correction transmission techniques for unreliable transport of 3D geometry[J]. Multimedia systems, 10(3): 230-244.

CHENG I, BASU A, 2007. Perceptually optimized 3-D transmission over wireless networks[J]. IEEE transactions on multimedia, 9(2): 386-396.

CHENG I, YING L H, BASU A, 2007. Packet-loss modeling for perceptually optimized 3D transmission[J]. Advances in multimedia, 2007: 1-10.

CHENG I, YING L H, BASU A, 2012. Perceptually coded transmission of arbitrary 3D objects over burst packet loss channels enhanced with a generic JND formulation[J]. IEEE journal on selected areas in communications, 30(7): 1184-1192.

CHENG I, YING L H, DANIILIDIS K, et al, 2008. Robust and scalable transmission of arbitrary 3D models over wireless networks[J]. EURASIP journal on image and video processing: 1-14.

CHENG W, OOI W T, MONDET S, et al, 2011. Modeling progressive mesh streaming[J]. ACM transactions on multimedia computing, communications, and applications, 7(2): 1-24.

CHUNG F R K,1997. Spectral graph theory[M]. Providence: American Mathematical Socity.

CORSINI M, LARABI M C, LAVOUÉ G, et al, 2013. Perceptual metrics for static and dynamic triangle meshes[J]. Computer graphics forum, 32(1): 101-125.

DELP E, MITCHELL O, 1979. Image compression using block truncation coding[J]. IEEE transactions on communications, 27(9): 1335-1342.

FIEDLER M, 1973. Algebraic connectivity of graphs[J]. Czechoslovak mathematical journal, 23(2): 298-305.

FLOYD S, HENDERSON T, GURTOV A, 1999. The NewReno modification to TCP'S fast recovery algorithm[J]. Internet request for comments, 2582.

FU C P, LIEW S C, 2003. TCP Veno: TCP enhancement for transmission over wireless access networks[J].

IEEE journal on selected areas in communications, 21(2): 216-228.

FUCHS H, GOLDFEATHER J, HULTQUIST J P, et al, 1986. Fast spheres, shadows, textures, transparencies, and image enhancements in pixel-planes[M]. Heidelberg: Springer-Verlag.

GREENE N, HECKBERT P, 1986. Creating raster omnimax images from multiple perspective views using the elliptical weighted average filter[J]. IEEE computer graphics and applications, 6(6): 21-27.

GUAN W, CAI J F, ZHENG J M, et al, 2008. Segmentation-based view-dependent 3-D graphics model transmission[J]. IEEE transactions on multimedia, 10(5): 724-734.

GUO C L, ZHANG L M, 2010. A novel multiresolution spatiotemporal saliency detection model and its applications in image and video compression[J]. IEEE transactions on image processing, 19(1): 185-198.

HAMMOND D K, VANDERGHEYNST P, GRIBONVAL R, 2011. Wavelets on graphs via spectral graph theory[J]. Applied and computational harmonic analysis, 30(2): 129-150.

HECKBERT P S, 1989.Fundamentals of texture mapping and image warping[M]. Berkeley: University of California at Berkeley.

HOPPE H, 1996.Progressive meshes[C]. Proceedings of SIGGRAPH: 99-108.

HU J H, FENG G, YEUNG K L, 2003. Hierarchical cache design for enhancing TCP over heterogeneous networks with wired and wireless links[J]. IEEE transactions on wireless communications, 2(2): 205-217.

HUANG J S, BUE B, PATTATH A, et al, 2007. Interactive illustrative rendering on mobile devices[J]. IEEE computer graphics and applications, 27(3): 48-56.

HÜTTNER T, STRAßER W, 1999. Fast footprint mipmapping[C]. Proceedings of the ACM SIGGRAPH/EUROGRAPHICS workshop on Graphics hardware: 35-44.

IOURCHA K I, NAYAK K S, HONG Z, 1999. System and method for fixed-rate block-based image compression with inferred pixel values: U.S. Patent 5956431[P].

ITTI L, 2004. Automatic foveation for video compression using a neurobiological model of visual attention[J]. IEEE transactions on image processing, 13(10): 1304-1318.

ITTI L, KOCH C, NIEBUR E, 1998. A model of saliency-based visual attention for rapid scene analysis[J]. IEEE transactions on pattern analysis and machine intelligence, 20(11): 1254-1259.

JR MCMILLAN L, 1997. An image-based approach to three-dimensional computer graphics[D]. Chapel Hill: University of North Carolina at Chapel Hill.

KALYANPUR A, NEKLESA V P, TAYLOR C R, et al, 2000. Evaluation of JPEG and wavelet compression of body CT images for direct digital teleradiologic transmission[J]. Radiology, 217(3): 772-779.

KARISCH S E, RENDL F, 1998. Semidefinite programming and graph equipartition[J]. Topics in semidefinite and interior-point methods, 18(77-95): 25.

KARNI Z, GOTSMAN C, 2004. Compression of soft-body animation sequences[J]. Computers & graphics, 28(1): 25-34.

KAUFF P, ATZPADIN N, FEHN C, et al, 2007. Depth map creation and image-based rendering for advanced 3DTV services providing interoperability and scalability[J]. Signal processing: image communication, 22(2): 217-234.

LAMBERTI F, SANNA A, 2007. A streaming-based solution for remote visualization of 3D graphics on mobile devices[J]. IEEE transactions on visualization and computer graphics, 13(2): 247-260.

LAVOUÉ G, 2009. A local roughness measure for 3D meshes and its application to visual masking[J]. ACM transactions on applied perception, 5(4): 1-23.

LAVOUÉ G, DUPONT F , BASKURT A, 2005. A new CAD mesh segmentation method, based on curvature tensor analysis[J]. Computer-aided design, 37(10):975-987.

LEE C H, VARSHNEY A, JACOBS D W, 2005. Mesh saliency[J]. ACM transactions on graphics, 24(3): 659-666.

LEE H, LAVOUÉ G, DUPONT F, 2012. Rate-distortion optimization for progressive compression of 3D mesh with color attributes[J]. The visual computer, 28(2): 137-153.

LINDSTROM P, TURK G, 1999. Evaluation of memoryless simplification[J]. IEEE transactions on visualization & computer graphics, 5(2):98-115.

LUO G L, CORDIER F, SEO H, 2013. Compression of 3D mesh sequences by temporal segmentation[J]. Computer animation and virtual worlds, 24(3/4): 365-375.

MARK W R, BISHOP G, 1999. Post-rendering 3 D image warping: visibility, reconstruction, and performance for depth-image warping[D]. Chapel Hill: University of North Carolina at Chapel Hill..

MARK W R, MCMILLAN L, BISHOP G, 1997. Post-rendering 3D warping[J]. Symposium on interactived graphics: 7-16, 180.

MAX N, 1999. Weights for computing vertex normals from facet normals[J]. Journal of graphics tools, 4(2): 1-6.

MAZZENGA F, CASSIOLI D, DETTI A, et al, 2004. Performance evaluation in bluetooth dense piconet areas[J]. IEEE transactions on wireless communications, 3(6): 2362-2373.

MCCORMACK J, PERRY R, FARKAS K, et al, 1999. Feline: Fast elliptical lines for anisotropic texture mapping[C]. Proceedings of SIGGRAPH: 243-250.

MEYER M, SACHS J, HOLZKE M, 2003. Performance evaluation of a TCP proxy in WCDMA networks[J]. IEEE wireless communications, 10(5): 70-79.

MONTABONE S, SOTO A, 2010. Human detection using a mobile platform and novel features derived from a visual saliency mechanism[J]. Image and vision computing, 28(3): 391-402.

NOIMARK Y, COHEN-OR D, 2003. Streaming scenes to MPEG-4 video-enabled devices[J]. IEEE computer graphics and applications, 23(1): 58-64.

PAJAROLA R, ROSSIGNAC J, 2000. Compressed progressive meshes[J]. IEEE transactions on visualization and computer graphics, 6(1): 79-93.

PENG J L, KIM C S, JAY KUO C C, 2005. Technologies for 3D mesh compression: A survey[J]. Journal of visual communication and image representation, 16(6): 688-733.

QU L J, MEYER G W, 2008. Perceptually guided polygon reduction[J]. IEEE transactions on visualization and computer graphics, 14(5): 1015-1029.

ROSIN P L, 2009. A simple method for detecting salient regions[J]. Pattern recognition, 42(11): 2363-2371.

SAID A, PEARLMAN W A, 1996. A new, fast, and efficient image codec based on set partitioning in hierarchical trees[J]. IEEE transactions on circuits and systems for video technology, 6(3): 243-250.

SANCHEZ V, BASU A, MANDAL M K, 2004. Prioritized region of interest coding in JPEG2000[J]. IEEE transactions on circuits and systems for video technology, 14(9): 1149-1155.

SCHAEFER S, MCPHAIL T, WARREN J, 2006. Image deformation using moving least squares[J]. ACM transactions on graphics, 25(3): 533-540.

SCHILLING A, KNITTEL G, STRASSER W, 1996. Texram: A smart memory for texturing[J]. IEEE computer graphics and applications, 16 (3): 32-41.

SHI S, NAHRSTEDT K, CAMPBELL R, 2012. A real-time remote rendering system for interactive mobile graphics[J]. ACM transactions on multimedia computing, communications, and applications, 8(3): 1-20.

SHIN H C, LEE J A, KIM L S, 2001. SPAF: Sub-texel precision anisotropic filtering[C]. Proceedings of ACM EUROGRAPHICS/SIGGRAPH Workshop on Graphics Hardware, Los Angeles: 99-108.

SINGHAL S, 1999. Networked virtual environments designed and implementation[J]. ACM press SIGGRAPH series: 150-154.

SINHA P , NANDAGOPAL T , VENKITARAMAN N , et al, 2002.WTCP: A reliable transport protocol for wireless wide-area networks[J]. Wireless networks, 8(2):301-316.

STMicroelectronics, 2001.KYRO II, Best of Class[EB/OL]. http://www.powervr.com.

THÜRRNER G, WÜTHRICH C A, 1998. Computing vertex normals from polygonal facets[J]. Journal of graphics tools, 3(1): 43-46.

TIAN D H, ALREGIB G, 2006. On-demand transmission of 3D models over lossy networks[J]. Signal processing: image communication, 21(5): 396-415.

TOUMA C, GOTSMAN C, 1998.Triangle mesh compression[C]. Proceedings of the Graphics Interface: 26-34.

VÁŠA L , SKALA V, 2010. A perception correlated comparison method for dynamic meshes[J]. IEEE transactions on visualization & computer graphics, 17(2):220-230.

WILLIAMS L, 1983. Pyramidal parametrics[J]. ACM SIGGRAPH computer graphics, 17(3): 1-11.

WOO R, CHOI S, SOHN J H, et al, 2004. A 210-mW graphics LSI implementing full 3-D pipeline with 264 mtexels/s texturing for mobile multimedia applications[J]. IEEE journal of solid-state circuits, 39(2): 358-367.

WOO R, YOON C W, KOOK J, et al, 2002. A 120-mW3-D rendering engine with 6-Mb embedded DRAM and 3.2-GB/s runtime reconfigurable bus for PDA chip[J]. IEEE journal of solid-state circuits, 37(10): 1352-1355.

YAN Z D, KUMAR S, KUO C C J, 2001. Error-resilient coding of 3-D graphic models via adaptive mesh segmentation[J]. IEEE transactions on circuits and systems for video technology, 11(7): 860-873.

YAN Z D, KUMAR S, KUO C C J, 2005. Mesh segmentation schemes for error resilient coding of 3-D graphic models[J]. IEEE transactions on circuits and systems for video technology, 15(1): 138-144.

YANG B, JIANG Z, SHANGGUAN J, et al, 2019. Compressed dynamic mesh sequence for progressive stre aming[J]. Computer animation and virtual worlds, 30(6) : 1847-1861.

YANG B, JING J, WANG X, et al, 2014. 3D geometry-dependent texture map compression with a hybrid ROI coding[J]. Science China information sciences, 57(2): 1-15.

YANG B, LI F, PAN Z, et al, 2008. An effective error resilient packetization scheme for progressive mesh transmission over unreliable networks[J]. Journal of computer science and technology, 23(6): 1015-1025.

YANG B, LI F W B, WANG X, et al, 2016. Visual saliency guided textured model simplification[J]. The vis ual computer, 32(11): 1415-1432.

YANG B, WANG X, LI F W B, et al, 2016. 3D mesh compression and transmission for mobile robotic appli cations[J]. International journal of advanced robotic systems, 13(1): 9

YANG B, ZHANG L, LI F W B, et al, 2019. Motion-aware compression and transmission of mesh animation sequences[J]. ACM transactions on intelligent systems and technology, 10(3): 25.

YU C H , KIM D , KIM L S, 2005. A 33.2M vertices/sec programmable geometry engine for multimedia embedded systems[C]// IEEE International Symposium on Circuits & Systems: 4574-4577.

ZHENG G, 2005. Progressive meshes transmission over wireless network[J]. Journal of computational information systems, 1: 67-71.

ZHENG Z, CHAN T K, 2005. View-dependent progressive mesh using non-redundant DAG hierarchy[C]. Proceedings of GRAPHITE: 417-420.

ZHOU K, WANG Y G, SHI J Y, et al, 2003. Surface simplification using rendering error metrics[C]//Proceedings of SPIE 4756, Third International Conference on Virtual Reality and Its Application in Industry : 62-71.

ZHU L W, YU M, JIANG G Y, et al, 2011. A new virtual view rendering method based on depth map for 3DTV3DTV, virtual view rendering, depth, false contour, holes filling, image restoration[J]. Procedia engineering, 15: 1115-1119.